电网企业生产人员**技能提升**培训教材

电网调度自动化

国网江苏省电力有限公司
国网江苏省电力有限公司技能培训中心 **组编**

中国电力出版社
CHINA ELECTRIC POWER PRESS

内 容 提 要

为进一步促进电力从业人员职业能力的提升，国网江苏省电力有限公司和国网江苏省电力有限公司技能培训中心组织编写《电网企业生产人员技能提升培训教材》，以满足电力行业人才培养和教育培训的实际需求。

本分册为《电网调度自动化》，内容分为六章，包括基础知识、智能变电站监控系统、调度数据网、电力监控系统及安全防护、智能电网调度技术支持系统以及系统运行维护。

本书可供从事电网调度自动化专业相关技能人员、管理人员学习，也可供相关专业高校相关专业师生参考学习。

图书在版编目（CIP）数据

电网调度自动化 / 国网江苏省电力有限公司，国网江苏省电力有限公司技能培训中心组编. —北京：中国电力出版社，2023.4（2024.11重印）
电网企业生产人员技能提升培训教材
ISBN 978-7-5198-7246-5

Ⅰ.①电⋯　Ⅱ.①国⋯②国⋯　Ⅲ.①电力系统调度–技术培训–教材　Ⅳ.①TM73

中国版本图书馆 CIP 数据核字（2022）第 216305 号

出版发行：中国电力出版社
地　　址：北京市东城区北京站西街 19 号（邮政编码 100005）
网　　址：http://www.cepp.sgcc.com.cn
责任编辑：罗　艳（010-63412315）　高　芬
责任校对：黄　蓓　郝军燕
装帧设计：张俊霞
责任印制：石　雷

印　　刷：固安县铭成印刷有限公司
版　　次：2023 年 4 月第一版
印　　次：2024 年 11 月北京第二次印刷
开　　本：710 毫米×1000 毫米　16 开本
印　　张：17.25
字　　数：306 千字
印　　数：1501—2000 册
定　　价：89.00 元

编 委 会

序 Preface

技能是强国之基、立业之本。技能人才是支撑中国制造、中国创造的重要力量。党的二十大报告明确提出要深入实施人才强国战略，要加快建设国家战略人才力量，努力培养造就更多大师、战略科学家、一流科技领军人才和创新团队、青年科技人才、卓越工程师、大国工匠、高技能人才。习近平总书记也对技能人才工作多次作出重要指示，要求培养更多高素质技术技能人才、能工巧匠、大国工匠，为全面建设社会主义现代化国家提供坚强的人才保障。电力是国家能源安全和国民经济命脉的重要基础性产业，随着"双碳"目标的提出和新型电力系统建设的推进，持续加强技能人才队伍建设意义重大。

国网江苏电力始终坚持人才强企和创新驱动战略，持续深化"领头雁"人才培养品牌，创新构建五级核心人才成长路径，打造人才成长四类支撑平台，实施人才培养"三大工程"，建设两个智慧系统，打造一流人才队伍（即"54321"人才培养体系），不断拓展核心人才成长宽度、提升发展高度、加快成长速度，以核心人才成长发展引领员工队伍能力提升，形成人才脱颖而出、竞相涌现的良好氛围和发展生态。

近年来，国网江苏电力立足新发展阶段，贯彻新发展理念，紧跟电网发展趋势，紧贴生产现场实际，聚焦制约青年技能人才培养与管理体系建设的现实问题，遵循因材施教、以评促学、长效跟踪、智慧赋能、价值引领的理念，开展核心技能人才培养工作。同时，从制度办法、激励措施、平台通道等方面，为核心技能人才快速成长提供坚强保障，人才培养成效显著。

有总结才有进步，国网江苏电力根据核心技能人才培养管理的实践经验，组织行业专家编写《电网企业生产人员技能提升培训教材》（简称《教材》）。《教材》涵盖电力行业多个专业分册，以实际操作为主线，汇集了核心技能工作中的典型案例场景，具有针对性、实用性、可操作性等特点，对技能人员专业与管理的双提升具有重要指导价值。该书既可作为核心技能人才的培训教材，也可作为电力行业一般技能人员的参考资料。

本《教材》的编写与出版是一项系统工作，凝聚了全行业专家的经验和智慧，希望《教材》的出版可以推动技能人员专业能力提升，助力高素质技能人才队伍建设，筑牢公司高质量发展根基，为新型电力系统建设和电力改革创新发展提供坚强的人才保障。

编委会

2022 年 12 月

前 言 Foreword

电网调度自动化系统是支撑电网安全稳定运行的重要手段，随着电力系统的不断发展，智能电网已成为近年来国内外有关电网未来发展趋势的热门课题。新设备、新技术、新标准、新工艺的广泛应用，也对自动化运维人员、电网调度自动化厂站端调试检修人员的理论知识和技能水平提出了更高要求。

为持续推动国网公司"人才强企"战略，加强岗位技能人才队伍建设，国网江苏省电力有限公司技能培训中心于 2019 年建设完成了智能变电站二次系统运维、智能电网调度控制系统及网络安全运维的实训环境。同时，为了促进专业融合，提升自动化相关人员对调度自动化系统的综合认知与技能，技能培训中心组织并承办了主站、厂站两个工种的"复合型人才"培训班，但由于没有标准的培训教材，培训师在授课过程中存在理论知识覆盖面过于宽泛、实操训练的流程不够统一的问题，影响培训效率和效果。因此，国网江苏省电力有限公司技能培训中心结合专业需求，分析自动化相关工作要点，开发智能电网调度自动化系统培训教材。

本书共分六章，第一章先对智能电网调度自动化系统做总体介绍，第二章至第五章分别阐述智能变电站监控系统、调度数据网、电力监控系统及安全防护、智能电网调度技术支持系统，第六章对主厂站联合调试的基础知识、调试要点、异常处理思路进行了分析。

为保证了教材的针对性和实用性，本书内容编写以现场工作为核心，紧密结合江苏及其他地区调度自动化发展情况，系统总结设备装置、运维要求、试验方法等，使读者可快速了解、掌握智能电网调度自动化原理、技术和操作。

由于编写时间仓促，难免存在疏漏之处，恳请各位专家和读者提出宝贵意见，使之不断完善。

编　者

2022 年 11 月

目 录 Contents

习题答案

第一章

基础知识

第一节　智能电网调度自动化系统

知 识 点

调度自动化系统是为电力系统调度控制与运行管理等业务提供技术支持的各类应用系统的总称，主要有调度端系统、厂站端系统与两者间数据传输通道构成。主要利用以电子计算机为核心的控制系统和远动技术实现电力系统调度的自动化。具体而言，就是厂站自动化系统收集厂站端的电气参数，包括开关位置、保护信号、电压电流等遥测数据，并将这些收集到的信息经过可靠的通道传送至调度自动化主站系统，经过处理、计算和筛选后，再将信息经由友好的界面呈现给用户，并实现遥控、遥调功能的过程。

随着自动化技术、通信技术、信息技术的不断提高，新能源渗透率越来越高，分布式电源技术日渐成熟，电网调度自动化系统也朝着智能化、网络化的方向发展。厂站端由原来的综合自动化变电站逐渐发展成智能变电站，主站端也逐步升级至智能电网调度控制系统、新一代调度技术支持系统发展。同时，对整个调度自动化系统的调度数据网架构及其安全防护提出更高要求。

一、智能电网调度自动化系统基本结构

按照"四遥"信息流向，电网调度自动化系统主要由调度端系统、厂站端系统及两者间数据传输通道三部分组成，且传输通道的主流方式为调度数据网。但随着智能电网的发展应用，其对传输网络安全性要求越来越高，安全防护设备的重要性越加突出，因此，结合智能电网发展现状，将智能电网调度自动化系统分为四部分，如图 1-1 所示。

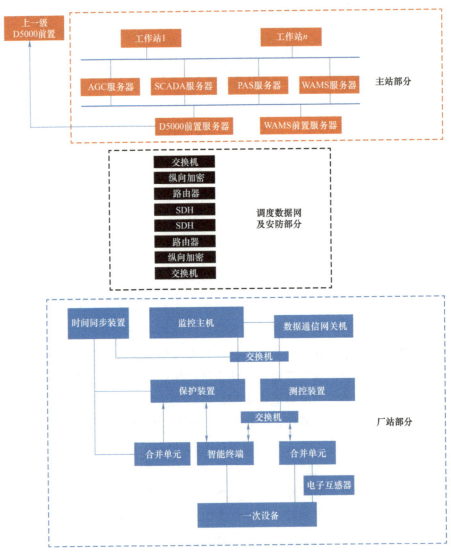

图 1-1 智能电网调度自动化系统结构

（一）智能变电站监控系统

按照全站信息数字化、通信平台网络化、信息共享标准化的基本要求，通过系统集成优化，实现全站信息的统一接入、统一存储和统一展示，实现运行监视、操作与控制、信息综合分析与智能告警、运行管理和辅助应用等功能。智能变电站监控系统主要有监控主机、数据通信网关机、测控装置、同步相量测量装置（PMU）、时间同步装置等设备。

（二）调度数据网

调度数据网是传输电网自动化系统、调度指挥指令、继电保护与安全自动装置等电力生产实时信息的网络，它是电力安全生产指挥和调度自动化的数据网络，是协调电力系统联合运转及保证电网安全、经济、稳定、可靠运行的重要基础。调度数据网主要有交换机、路由器等设备。

（三）电力监控系统安全防护

"没有信息安全就没有国家安全，没有信息化就没有现代化"，电网信息化、智能化发展过程中，必须要解决与信息安全有关的问题。安全防护系统保障了电力监控系统的安全，防范黑客及恶意代码等各种形式的恶意破坏和攻击，防止电力监控系统的崩溃或瘫痪。电力监控系统安全防护主要有纵向加密装置、防火墙、正反向隔离装置、网络安全监测装置等设备。

（四）智能电网调度技术支持系统

面向调度生产业务的集成的、集约化系统，对电网运行的监视、分析、控制、计划编制、评估和调度管理等业务提供技术支持，由基础平台与实时监控与预警、调度计划、安全校核、调度管理四类应用组成。

二、智能电网调度自动化系统特点

1. 可靠性

电网安全的可靠性体现在它对自愈性的依赖上。自愈性是指不需要或仅需要少数人为操作来完善电力网络中的不足，进而消除隐患。如元器件的阻隔或还原其正常运行功能、尽量减少供电中断次数。通过不断强化控制系统中的自动诊断、故障隔离和自我恢复等能力，增强系统可靠性。此外，通过构建安全防护体系增强网络安全可靠性。

2. 灵活性

与计算机"即插即用"类似，它兼容了很多不同类型的发电模式和电力存储模式，不仅整合了可再生能源、燃料电池和其他的分布式发电技术，同时承载了更多传统电力负荷，分担了压力，促进了电网与自然环境和谐发展的时代需要。

3. 交互性

智能电网调度自动化系统能够充分利用用户接口来最大限度地完成人机联系、互动、模拟，以此来实现资源的优化配置，完善电力系统的优化设计，促使供求关系的平衡，进而让其不断完善并更加坚强。

4. 集成性

智能电网调度自动化系统在优化流程、整合信息、管理生产、调度自动化等行为上形成全面决策的统一化和规范化，充分体现其集成性。

5. 安全性

智能电网调度自动化系统按照"安全分区、网络专用、横向隔离、纵向认证"的建设方针，能及时发现电力监控系统中存在的安全隐患，防范各种形式的恶意破坏和攻击，防止电力监控系统的崩溃或瘫痪，从而保障电力监控系统安全。

习 题

1. 简述智能电网调度自动化系统的基本结构。
2. 智能电网调度自动化系统的特点有哪些？

第二节　IEC 60870-5-104 规约

学习目标

1. 了解 IEC 60870-5-104 报文的原理、结构、分类和参数。
2. 熟悉并能够识读分析 IEC 60870-5-104 报文。

一、IEC 60870-5-104 规约原理

（1）IEC 60870-5-104 传输层采用 TCP/IP 协议（端口号 2404），主站为 TCP/IP 客户端，子站为 TCP/IP 服务端。IEC 60870-5-104 具有 TCP/IP 的冲突检测和错误重传机制，比 IEC 60870-5-101 具有更高的可靠性和稳定性。

（2）IEC 60870-5-104 应用层采用和 IEC 60870-5-101 一致的 ASDU。

（3）IEC 60870-5-104 是平衡式传输模式，能够提高传输效率。

IEC 60870-5-104 报文结构见表 1-1。

表 1-1　　　　　　　　　　IEC 60870-5-104 报文结构

类别	配置范围
公共地址字节数	2 字节
传输原因字节数	2 字节
信息体地址字节数	3 字节
信息体地址版本	按照 1997 版或 2002 版

二、IEC 60870-5-104 报文结构

应用协议数据单元（APDU）格式见表 1-2。

表 1-2　　　　　　　　　应用协议数据单元（APDU）格式

	启动字符 68
	APDU 长度（最大 253）
	控制域八位位组 1
APCI	控制域八位位组 2
	控制域八位位组 3
	控制域八位位组 4
ASDU	101 和 104 定义的 ASDU

IEC 60870-5-104 规约自身定义了部分 ASDU，主要是带 CP56Time2a 时标的控制命令，一般情况下不使用。常用的 ASDU 和 IEC 60870-5-101 一致。

三、IEC 60870-5-104 报文分类

104 有三种报文帧。

（一）U 格式

U 帧，未编号的控制功能，用来控制应用层的启停和测试，TCP 连接建立后先发 U 帧。控制域第一个八位位组的第一位比特等于 1 并且第二位比特等于 1 定义了 U 格式。U 格式的 APDU 只包括 APCI。U 格式的控制信息见表 1-3。在同一时刻，TESTFR、STOPDT 或 STARTDT 中只有一个功能可以被激活。

表 1-3 　　　　　　　　　 U 格 式 的 控 制 信 息

TESTFR		STOPDT		STARTDT		1	1	八位位组 1
确认	生效	确认	生效	确认	生效			
0								八位位组 2
0							0	八位位组 3
0								八位位组 4

U 格式典型报文如下：

启动传输：680 407 000 000

确认启动：68 04 0B 00 00 00

停止传输：68 04 13 00 00 00

确认停止：68 04 23 00 00 00

测试：68 04 43 00 00 00

测试确认：68 04 83 00 00 00

（测试帧双方均可发送）

（二）S 格式

S 帧，编号的监视功能。类似于数据传输时的心跳报文，由 W 值来定义传输间隔，收到对侧 W 帧后须回复 S 帧，对侧若在 K 帧后没收到 S 帧报文，应用层中断。控制域第一个八位位组的第一位比特等于 1 并且第二位比特等于 0 定义了 "S 格式.S 格式" 的 APDU 只包括 APCI。S 格式的控制信息见表 1-4。

表 1-4 　　　　　　　　　 S 格 式 的 控 制 信 息

0		0	1	八位位组 1
0				八位位组 2
接收序列号 N（R）LSB			0	八位位组 3
MSB 接收序列号 N（R）				八位位组 4

举例：

［Thu Feb 12 00：00：00 2015］接收（事件）：68 15 FA3FB207 1E 01 0300 0100 CB060000BCD338176B020F＜1738：2015 年 2 月 11 日 23 时 56 分 54 秒 204 毫秒分＞

［Thu Feb 12 00：00：00 2015］发送：68040100FC3F

S 帧报文分析：68（启动）04（后续报文长度）0100（固定，表明为 S 格式帧）FC3F（接收序号）。

上一帧报文的发送序号为：FA3F，S 帧发送时在 FA3F 的序号上加 1（在 8 进制的第 2 位上加 1，整体数值是加 2）。

（三）I 格式

I 帧，信息传输，传输数据用。I 格式的控制信息见表 1-5。

表 1-5 I 格 式 的 控 制 信 息

APDU	APCI	起动字符 68H	
		APDU 长度（最大，253）	
		控制域八位位组 1	
		控制域八位位组 2	
		控制域八位位组 3	
		控制域八位位组 4	
	ASDU	类型标识	传输数据的类型： 重点类型有遥信、遥测、遥控、遥调
		可变帧结构限定词	最高位：表示寻址方式，0 为独立地址，1 为顺序寻址。 1~7 位：表示数据对象个数
		传送原因（低位）	最高位：是否 TEST，1 为是。 第 7 位：1 表示否定确认，多用于控制命令的返回。 1~6 位：代表传输原因。常用的有： 01　周期 03　自发（突发） 06　激活 07　激活确认 08　停止激活 09　停止激活确认 0A　激活终止 14　响应总召 2C　未知的类型标识 2D　未知的传送原因 2E　未知的应用服务数据单元公共地址 2F　未知的信息对象地址
		传送原因（高位）	源发站地址（主站地址），一般为 0
		ASDU 公共地址（低位）	站地址：如实操环境中的 0003

APDU	ASDU	ASDU 公共地址（高位）	
		信息体地址（低位）	信息体地址，总是存在的，如果是独立寻址（可变结构限定词的最高位为 0），后面的每个数据都会有三字节地址，如果是顺序寻址，则只有这一个起始地址
		信息体地址（中位）	
		信息体地址（高位）	
		...	

四、IEC 60870-5-104 报文参数

（一）基本参数

端口：2404。

传送原因：两个 8 位位组。

信息对象地址：三个 8 位位组。

公共地址：两个 8 位位组。

1. 超时定义

IEC 60870-5-104 超时定义见表 1-6。

表 1-6 　　　　　　　　　IEC 60870-5-104 超时定义

参数	时间	定义	内容
t_0	30s	建立连接的超时	服务端进入等待连接的状态后，若超过此时间客户端还没有 connect 过来就主动退出等待连接的状态（客户端发起 TCP 连接等待 TCP 确认返回的时间，t_0 时间后取消连接）
t_1	15s	发送或测试 APDU 的超时	服务端启动 U 格式测试过程后，等待 U 格式测试应答的超时时间，若超过此时间还没有收到客户端的 U 格式测试应答，就主动关闭 TCP 连接
t_2	10s	无数据报文时确认的超时	服务端以突发的传送原因向客户端上送变化信息或以激活结束的传送原因向客户端上送了总召结束后，等待客户端回 S 格式的超时时间，若超过此时间还没有收到，主动关闭 TCP 连接
t_3	20s	长期空闲状态下发送测试帧的超时	服务端和客户端没有实际的数据交换时，任何一端启动 U 格式测试过程的最大间隔时间

2. 最大数目 k 和最迟确认数目 w

发送方每发送一次 I 帧，将 N（S）加一。已发送的 I 帧报文需要保留下来，直到收到对方的确认后，才能去掉。发送方未收到对方确认，所能发送的最大 I 帧个数，称为 k（k 的取值范围为 1～32 767，默认为 12）。

接收方收到对方的 I 帧后，需要对对方的 N（S）[即己方的 N（R）]进行确认。在接收到 w 个 I 格式报文后，必须进行确认。w 的取值范围为 1～32767，

一般 w 为 k 的 2/3，默认为 8。

在 TCP 连接重连后（不是收到启动帧后），将 N（S）和 N（R）清零。

最大数目 k 和最迟确认数目 w 定义和推荐值见表 1-7。

表 1-7　　　　　　　最大数目 k 和最迟确认数目 w 定义和推荐值

k	12 个 APDU	发送状态变量的接收序号的最大差值	未被确认的 I 格式 APDU 的最大数目
w	8 个 APDU	最迟接收到 w 个 I 格式的 APDU 后给出确认	最迟确认 APDU 的最大数目

（二）常见数据类型

<0>：=未定义

<1>：=单点信息　　　　　　　　　　　　　　　　　M_SP_NA_1

<2>：=带时标的单点信息　　　　　　　　　　　　　M_SP_TA_1

<3>：=双点信息　　　　　　　　　　　　　　　　　M_DP_NA_1

<4>：=带时标的双点信息　　　　　　　　　　　　　M_DP_TA_1

<9>：=测量值，规一化值　　　　　　　　　　　　　M_ME_NA_1

<10>：=带时标的测量值，规一化值　　　　　　　　M_ME_TA_1

<11>：=测量值，标度化值　　　　　　　　　　　　　M_ME_NB_1

<12>：=测量值，带时标的标度化值　　　　　　　　M_ME_TB_1

<13>：=测量值，短浮点数　　　　　　　　　　　　　M_ME_NC_1

<14>：=测量值，带时标的短浮点数　　　　　　　　M_ME_TC_1

<20>：=带变位检出的成组单点信息　　　　　　　　M_PS_NA_1

<21>：=测量值，不带品质描述词的规一化值　　　　M_ME_ND_1

DL/T 634.5101—2002 中新增以下类型

<30>：=带 CP56Time2a 时标的单点信息　　　　　　M_SP_TB_1

<31>：=带 CP56Time2a 时标的双点信息　　　　　　M_DP_TB_1

<34>：=带 CP56Time2a 时标的测量值，规一化值　　M_ME_TD_1

<35>：=带 CP56Time2a 时标的测量值，标度化值　　M_ME_TE_1

<36>：=带 CP56Time2a 时标的测量值，短浮点数　　M_ME_TF_1

在控制方向上的过程常用信息类型标识：

CON<45>：=单点命令　　　　　　　　　　　　　　C_SC_NA_1

CON<46>：=双点命令　　　　　　　　　　　　　　C_DC_NA_1

在监视方向的系统命令

CON＜70＞：＝初始化结束　　　　　　　　　　　　　　　M_EI_NA_1

在控制方向的系统命令

CON＜100＞：＝总召唤命令　　　　　　　　　　　　　　C_IC_NA_1

CON＜103＞：＝时钟同步命令　　　　　　　　　　　　　C_CS_NA_1

CON＜104＞：＝测试命令　　　　　　　　　　　　　　　C_TS_NA_1

（三）典型遥测值计算方法

1. 短浮点数计算

方法：单精度浮点数（32 位），4 字节，阶码 8 位，尾数 24 位（内含 1 位符号位）。

短浮点报文结构见表 1-8。

表 1-8　　　　　　　　　　　　　　短 浮 点 报 文 结 构

符号位 1 位	阶码 8 位	尾数 23 位

注意 1：104 传输的时候高字节（符号和阶码等）在后。

注意 2：阶码需要减去 127；

注意 3：尾数默认只是小数部分，整数部分默认为 1。

结果 ＝（－1×符号位）×（1＋尾数）×2^（阶码－127）

举例：[Mon Mar 27 06:32:03 2017]接收（遥测）：Z0685A98A32E1B 0D 0A 03000100 B342000080834600＜691:16832.000＞B742000040E54600＜695:29344.000＞B942000000804100＜697:16.000＞6B43000000844400＜875:1056.000＞8A43000000 EC4400＜906:1888.000＞8C43000000C0C100＜908:－24.000＞

906 点：信息体地址为 00438A，浮点数 16 进制值：44 EC 00 00

码值：0100 0100 1110　　1100 0000 0000 0000 0000

符号位：0，阶码：100 0100 1；尾数：110 11

结果 ＝（－1×0）×（1＋0.110 11）×2^（100 0100 1B－127）

　　　＝1.11011*2^10

　　　＝111011 00000B＝760H＝1888

908 点：码值为 C1 C0 00 00

二进制为：1100 0001 1100 0000 0000 0000 0000 0000；

符号位：1，阶码：100 0001 1；尾数：100 0000 0000 0000 0000 0000

结果 ＝（－1×1）×（1＋0.1000000）×2^（1000 0011B－127）

　　　＝－1.1×2^4＝－11000 B＝－24

2. 规一化值计算

正数时：实际值＝（−1×符号位）×（码值）/32767×满度值。

负数的时候传输补码，转换时−（FFFF−码值＋1）×满度值/满码值

举例：使用归一值方式传输，现收到报文中某一遥测的 2 字节 16 进制数为 72 H　F9H（此顺序为报文顺序），其一次满码值为 305MW，请计算其遥测值。

码值为：F972H，是负数，其补码为（FFFF−F972＋1）H＝（68 E）H＝（1678）D。

结果＝−1678/32767×305＝−15.62。

如果是正数，则没有这么麻烦，直接码值除以 32767 再乘以满度值（但一般肯定考负值）。

3. 标度化值计算

方法：2 字节，取值范围：−215～215−1，可以用系数进行转换，工程量最大值对应生数据最大值。

注意 1：104 传输的时候低位低字节在前。

注意 2：若没有特别说明，对于电流，默认满度值为 1.2 倍的一次额定电流，功率为 1.2 倍，功率的满度值为 1.732×额定电压×额定电流。

正数时：实际值＝（−1×符号位）×（码值）/32767×满度值。

负数的时候传输补码，转换时−（FFFF−码值＋1）×满度值/满码值

4. BCD 码值计算

BCD 码用四位数字表示 10 进制，分别是 8、4、2、1；对于多位数，需要分别表示百位、十位和个位。

5. 时间计算方法（CP56Time2a/CP24Time2a/CP16Time2a）

IEC 60870−5−104 时间报文结构见表 1−9。

表 1−9　　　　　IEC 60870−5−104 时间报文结构

序号	8	7	6	5	4	3	2	1	
1	2^7							2^0	
2	2^{15}							2^8	0～59999 ms
3	IV	RES1	2^5					2^0	0～59 min
4	SU	RES2		2^4				2^0	0～23 h
5	星期的天 2^2	2^1	2^0	月的天 2^4				2^0	
6	RES3				2^3			2^0	1～12 月
7	RES4	2^6						2^0	0～99 年

CP56 为完整的 7 个八位位组。

CP24 取 CP56 的前三个八位位组。

CP16 取 CP56 的前二个八位位组。

6. 数据品质

遥信的品质是与值组成 1 个八位位组，第 1 位（或第 1、2 位）代表遥信的值，后面四位代表品质，与 IEC 61850 不一样，104 的 TEST 位在传输原因中，不在品质里。遥测的品质单独传输，跟在遥测后面，品质比遥信多一个 OV（溢出）。

IEC 60870-5-104 报文品质位定义见表 1-10。

表 1-10　　　　　　　IEC 60870-5-104 报文品质位定义

项目	8	7	6	5	4	3	2	1
遥信	IV 0 有效 1 无效	NT 0 当前值 1 非当前值	SB 0 未被取代 1 被取代	BL 0 未被闭锁 1 被闭锁	保留	保留	保留	值
遥测	IV 0 有效 1 无效	NT 0 当前值 1 非当前值	SB 0 未被取代 1 被取代	BL 0 未被闭锁 1 被闭锁	保留	保留	保留	OV 0 未溢出 1 溢出

（四）典型报文解析

（1）某日，一工作人员在主站进行变电站开关的遥控验收工作，采用的是先遥控预置，再遥控撤消的方式，然而，在验收过程中，开关出现了误动，104 报文如下，请分析报文回答下列问题：

该开关的遥控类型，操作是遥控分闸还是遥控合闸？

该开关误动的原因，请分析存在异常的设备。

68 0E 02 00 02 00 2D 01 06 01 01 00 01 60 00 80

68 0E 04 00 02 00 2D 01 07 01 01 00 01 60 00 80

68 0E 04 00 04 00 2D 01 08 01 01 00 01 60 00 00

68 0E 06 00 04 00 2D 01 07 01 01 00 01 60 00 00

68 0E 08 00 04 00 2D 01 0A 01 01 00 01 60 00 00

解析：

该遥控类型为单点遥控，遥控开关分闸；

遥控误动的原因为主站下发停止激活命令（传送原因为 08），厂站未能正确响应，将停止激活判断为激活，主站的遥控撤消命令没有得到正确执行，反而解析为遥控执行命令出口。综上分析，该误控是由于数据通信网关机异常，将撤消命令解析为执行命令所致。

（2）下面是某厂站网络 104 规约上发的一组遥信帧：

68 12 04 09 60 02 01 02 03 00 11 00 9e 03 00 01 9e 03 00 00

解析：

68（启动字符）

12［长度，12H＝18，指从第 3 个字节开始（包括第 3 个字节）的后续报文长度为 18 个字节］

04 09（发送序列号）

60 02（接收序列号）

01（类型标识，单点遥信）

02（可变结构限定词，有 2 个遥信上送）

03 00（传输原因，03 00 为突变变位）

11 00（公共地址即 RTU 地址 11 00＝17，站址为 17）

9e 03 00（第一个信息元素地址，3 个字节：9e 03 00 解释为 00039e＝926 第 925 号遥信）

01（第一个信息元素数据，01 遥信合）

9e 03 00（第二个信息元素地址，3 个字节：9e 03 00 解释为 00039e＝926 第 925 号遥信）

00（第一个信息元素数据，00 遥信分）

（3）某电厂 AGC 遥调采用 104 规约的标度化值，工程量最小值为 0，最大值为 32767，生数据最小值为 0MW，最大值为 450MW。请根据下图的报文计算分析此时发电厂的设点目标值是多少。报文示例如图 1-2 所示。

图 1-2　报文示例

解析：

下行设点的 16 进制值为 474C，转换为 10 进制为 18252，遥调设点值为 18252/32767×450＝250.66（MW）。

习 题

1. 简述 IEC 60870-5-104 规约的应用服务数据单元（ASDU）的组成有哪些。

2. IEC 60870-5-104 规约有几种报文格式？并简述其作用。

3. IEC 60870-5-104 规约如下，请解读"680E10080012　2D　01　0600　0100　016000　81"。

第三节　IEC 61850 服 务

学习目标

1. 了解 IEC 61850《变电站通信网络和系统》标准及通信协议，掌握 IEC 61850 中的三种服务的结构、格式。

2. 熟悉并能够识读分析 IEC 61850 报文。

知 识 点

一、IEC 61850 标准构成及内容简介

IEC 61850 标准的宗旨是"一个世界、一种技术、一种标准"（one world one technology one standard），目标是实现设备间的互操作，等同于 DL/T 860 实施技术规范，其作为国际统一变电站通信标准已经获得广泛的认同与应用。本节主要描述了 IEC 61850 标准与相关的核心技术，介绍了变电站配置描述语言（substation configuration description language，SCL）、制造报文规范（manufacturing message specification，MMS）、抽象服务（abstract communication service interface，ACSI）、面向通用对象变电站事件（generic object oriented substation Event，GOOSE）、采样值服务（sampled value，SV）等，重点阐述了

工程中如何对配置文件的遥信遥测报告、GOOSE、SV、控制、定值等服务的进行配置。

（一）IEC 61850 标准内容概述

随着嵌入式计算机与以太网通信技术的飞跃发展，智能电子设备之间的通信能力大大加强，保护、控制、测量、数据功能逐渐趋于一体化，形成庞大的分布式电力通信交互系统。传统的变电站自动化系统逐渐暴露出一些问题，主要集中在通信协议的多样性，信道及接口不统一，系统的集成度低，不同的设备供应商提供的设备间缺少良好的兼容性等方面。由于厂商众多、标准不一，站内各 IED 设备间通信互联会产生大量工作量且质量难以保证。不统一的通信规约、或同一规约由于理解的不同产生不同的版本，增加了系统集成的成本，造成了重复投资和资源浪费，并影响到系统实时性、可靠性、可扩展性，对电网的安全稳定运行形成不利影响。

为此，作为电力系统自动化领域唯一的全球通用标准 IEC 61850 受到了广泛的关注。该标准实现了智能变电站的工程运作标准化。使得智能变电站的工程实施变得规范、统一和透明。不论是哪个系统集成商建立的智能变电站工程都可以通过 SCD（系统配置）文件了解整个变电站的结构和布局，对于智能化变电站发展具有不可替代的作用。

IEC 61850 是一个网络和计算机技术高度发展的产物。从 2000 年开始在嵌入式硬件技术、实时操作系统、通信技术等领域的快速发展和广泛应用，为 IEC 61850 在电力系统的应用创造了有利条件。

IEC 61850 不仅仅是一个通信规约，它指导了变电站自动化系统的设计、开发、工程、维护等各个领域。IEC 61850 的核心内容包括：采用面向对象建模技术对变电站功能和智能电子设备建模；为实现应用与通信分离，采用抽象通信服务接口映射到具体通信协议栈；基于扩展标识语言（XML）的变电站配置语言（SCL）对系统和智能设备进行配置。

（二）IEC 61850 标准发展趋势

1. IEC 61850 标准修订情况

IEC 61850 标准是基于通用网络通信平台的变电站自动化系统唯一国际标准，它是由国际电工委员会第 57 技术委员会（IEC TC57）的 3 个工作组制定的，实现了变电站工程实施的规范化、系统配置的标准化。IEC 61850 标准包括以下10 个部分内容：

（1）IEC 61850-1 概述。简要介绍了 IEC 61850 的历史、目标、基本概念及标准整体机构，定义了变电站内智能电子设备 IED 之间的通信和相关系统要求。

（2）IEC 61850-2 术语。收集了标准中涉及的特定术语及其语义。

（3）IEC 61850-3 总体要求。详细说明了系统通信网络的质量要求、环境条件、辅助服务，并根据其他标准和规范对相关的特定要求提出建议。

（4）IEC 61850-4 系统和工程管理。描述了对系统和项目管理过程以及对工程和试验所用的支持工具的要求。

（5）IEC 61850-5 功能和设备模型的通信要求。规范了逻辑节点的途径、逻辑通信链路、通信信息片的概念和功能的定义。

（6）IEC 61850-6 变电站自动化系统结构语言。对装置和系统属性的形式进行了语言描述。

（7）IEC 61850-7-1 变电站和馈线设备的基本通信结构原理和模型。描述了标准的建模方法、通信原理和信息模型。

IEC 61850-7-2 变电站和馈线设备的基本通信结构 抽象通信服务接口（abstract communication service interface，ACSI）：包括抽象通信服务接口的描述，抽象通信服务的规范，服务数据库模型。

IEC 61850-7-3 变电站和馈线设备的基本通信结构 公用数据级别和属性：包括公用数据类和相关属性。

IEC 61850-7-4 变电站和馈线设备的基本通信结构 兼容的逻辑节点类和数据对象：包括逻辑节点的定义，数据对象及其逻辑寻址。

（8）IEC 61850-8-1 特定通信服务映射（specific communication service mapping，SCSM）。将 ACSI 映射到 MMS（ISO/IEC 9506 制造报文规范）的服务和协议，用于站控层和间隔层之间的通信映射。

（9）IEC 61850-9-1 特定通信服务映射（SCSM）。通过单向多路点对点串行 tongxin 链路的采样值，指定了将模拟量采样值映射到双向的、总线型的串行连接上。

IEC 61850-9-2 特定通信服务映射（SCSM）：通过 ISO/IEC 8802-3 的采样值传输，指定了将模拟量采样值映射到双向的、总线型的串行连接上。

（10）IEC 61850-10 一致性测试。IEC 61850-10 一致性测试包括一致性测试规则、质量保证、测试所要求的文件、有关设备的一致性测试、测试手段、测试设备的要求和有效性证明。

2. IEC 61850 标准修订内容

IEC 61850 颁布后，在世界各地得到了广泛的应用和推广，IEC TC57 从 2006 年开始对 IEC 61850 进行第二版的修订，在第二版中，标准的修订主要体现在以下 4 个方面：

（1）对第一版进行了修订和完善，扩展了数据模型，增加了一批新的逻辑节点，增加了 2 种新的模型文件，即 IID（instantiated IED description）文件和 SED（system exchange description）文件，完善和优化了工程配置语言和通信一致性测试规范。

（2）第一版的使用范围是变电站内部的设备通信，在第二版中，IEC 61850 的定位是电力公共事业间的通信，包括变电站、火电、水电、风电、调度中心以及他们之间的通信，新增了与其相关的 7 个标准和技术规范。

（3）第二版中针对变电站站控层、过程层网络数据交互的特点，现有的网络通信技术，以及对通信可靠性、流量限制、网络安全等方面的要求，分析了网络拓扑结构的各种方式、流量限制的几种技术，同时提出了时钟同步网络的几种同步方式，为变电站建立合理的网络配置提供了方法和依据。

（4）信息安全对于电力系统通信非常重要，因此在第二版中 IEC TC57 完全采用了 IEC 62351《电力系统数据与通信安全标准》所规范的信息安全措施，包括认证加密等措施。

二、IEC 61850 服务分类

IEC 61850 标准的服务实现主要分为三个部分：MMS 服务、GOOSE 服务、SV 服务。其中，MMS 服务用于间隔层设备和站控层设备之间的数据交互，GOOSE 服务用于装置之间的通信，SV 服务用于采样值传输，三个服务之间的关系如图 1-3 所示。在间隔层设备和站控层设备之间涉及双边应用关联，在 GOOSE 报文和传输采样值中涉及多路广播报文的服务。双边应用关联传送服务请求和响应（传输无确认和确认的一些服务）服务，多路广播应用关联（仅在一个方向）传送无确认服务。

如果把 IEC 61850 标准的服务细化分，主要有报告（事件状态上送）、日志历史记录上送、快速事件传送、采样值传送、遥控、遥调、定值读写服务、录波、保护故障报告、时间同步、文件传输、取代，以及模型的读取服务。细化服务和模型之间的关系如图 1-4 所示。

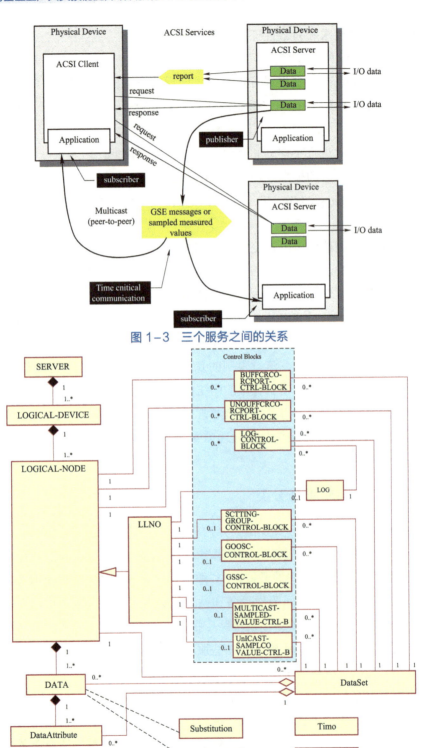

图 1-3 三个服务之间的关系

图 1-4 细化服务和模型之间的关系

（一）MMS 服务

1. MMS 简介

MMS 标准即 ISO/IEC 9506，是由 ISOTC 184 提出的解决在异构网络环境下智能设备之间实现实时数据交换与信息监控的一套国际报文规范。MMS 所提供的服务有很强的通用性，已经广泛地运用于汽车制造、航空、化工、电力等工业自动化领域。IEC 61850 中采纳了 ISO/IEC 9506-1 和 ISO/IEC 9506-2 部分，制定了 ACSI 到 MMS 的映射。MMS 特点如下：

（1）定义了交换报文的格式，结构化层次化的数据表示方法，可以表示任意复杂的数据结构，ASN.1 编码可以适用于任意计算机环境。

（2）定义了针对数据对象的服务和行为。

（3）为用户提供了一个独立于所完成功能的通用通信环境。

MMS 标准作为 MAP（manufacturing automation standard）应用层中最主要的部分，通过引入 VMD（virtual manufacturing device）概念，隐藏了具体的设备内部特性，设定一系列类型的数据代表实际设备的功能，同时定义了一系列 MMS 服务来操作这些数据，通过对 VMD 模型的访问达到操纵实际设备工作，MMS 的 VMD 概念首次把面向对象设计的思想引入了过程控制系统。MMS 对其规定的各类服务没有进行具体实现方法的规定，保证实现的开放性。

在 IEC 61850 ACSI 映射到 MMS 服务上，报告服务是其中一项关键的通信服务，IEC 61850 报告分为非缓冲与缓冲两种报告类型，分别适用于遥测与遥信量的上送。图 1-5 中给出了缓存报告实现遥信量的上送流程。通过使能报告控制块，可以实现遥测的变化上送（死区和零漂）、遥信变位上送、周期上送、总召。其触发方式包括数据变化触发 dchg（data-change）、数据更新触发 dupd（data-update）、品质变化触发 qchg（quality-change）等。

由于采用了多可视的实现方案，使得事件可以同时送到多个监控后台。遥测类报告控制块使用非缓存报告控制块类型，报告控制块名称以 urcb 开头；遥信、告警类报告控制块为缓存报告控制块类型，报告控制块名称以 brcb 开头。

2. MMS 报文解析

（1）初始化。在 TCP 连接建立之后，客户端将向服务器端发起初始化请求，服务器端在收到请求后，将予以初始化响应，如图 1-6 所示。

初始化请求主要用于通知服务器端，客户端所支持的服务类型，如图 1-7 所示。

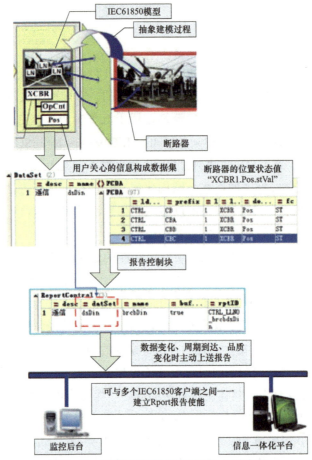

图 1-5 缓存报告实现遥信量的上送流程

165504 2017-08-08 09:22:37.645832 198.120.0.201   198.120.0.100   ACSI.As 关联请求
165576 2017-08-08 09:22:37.662602 198.120.0.100   198.120.0.201   ACSI.As 关联响应

图 1-6 初始化请求及响应

```
MMS
  initiate-RequestPDU
    localDetailCalling: 65535
    proposedMaxServOutstandingCalling: 30
    proposedMaxServOutstandingCalled: 16
    proposedDataStructureNestingLevel: 8
    mmsInitRequestDetail
      proposedVersionNumber: 1
      bit-string: 11111011000 (str1, str2, vnam, valt, vadr, tpy, vlis)
      bit-string: 00100000000000000000000000000000000000000000000000011000100000 (identify, fileOpen, fileRead, fileClose, informationReport)
        0....... = status: False
        .0...... = getNameList: False
        ..1..... = identify: True
        ...0.... = rename: False
        ....0... = read: False
        .....0.. = write: False
        ......0. = getVariableAccessAttributes: False
        .......0 = defineNamedVariable: False
        0....... = defineScatteredAccess: False
        .0...... = getScatteredAccessAttributes: False
        ..0..... = deleteVariableAccess: False
        ...0.... = defineNamedVariableList: False
        ....0... = getNamedVariableListAttributes: False
        .....0.. = deleteNamedVariableList: False
        ......0. = defineNamedType: False
        .......0 = getNamedTypeAttributes: False
        0....... = deleteNamedType: False
        .0...... = input: False
        ..0..... = output: False
        ...0.... = takeControl: False
        ....0... = relinquishControl: False
        .....0.. = defineSemaphore: False
        ......0. = deleteSemaphore: False
        .......0 = reportSemaphoreStatus: False
        0....... = reportPoolSemaphoreStatus: False
        .0...... = reportSemaphoreEntryStatus: False
        ..0..... = initiateDownloadSequence: False
        ...0.... = downloadSegment: False
        ....0... = terminateDownloadSequence: False
```

图 1-7 初始化请求的功能

初始化响应主要用于服务器端，为服务器端收到初始化请求后，通知客户端所支持的服务类型，如图 1-8 所示。

图 1-8 初始化响应的功能

（2）信号上送。开入、事件、报警等信号类数据的上送功能通过 BRCB（有缓冲报告控制块）来实现，映射到 MMS 的读写和报告服务。通过有缓冲报告控制块，可以实现遥信和开入的变化上送、周期上送、总召、事件缓存。由于采用了多可视的实现方案，因此事件可以同时送到多个后台。brcbRp 是带缓存的报告控制块，而 urcbRp 是不带缓存的报告控制块。一般遥信类信号缓存，保护模拟量不缓存，报告控制块是对数据集而言，因此在图 1-9 中可以找到与数据集对应的报告控制块。

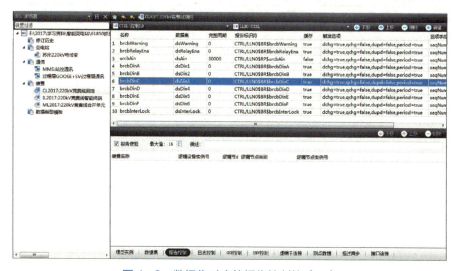

图 1-9 数据集对应的报告控制块（一）

图 1-9　数据集对应的报告控制块（二）

BRCB 类定义如图 1-10 所示。

BRCB 类				
属性名	属性类型	FC	TrgOp	值/值域/解释
BRCBName	ObjectName	—	—	BRCB 实例的实例名
BRCBRef	ObjectReference	—	—	BRCB 实例的路径名
报告处理器特定				
RptID	VISIBLE STRING65	BR	—	
RptEna	BOOLEAN	BR	dchg	
DatSet	ObjectReference	BR	dchg	
ConfRev	INT32U	BR	dchg	
OptFlds	PACKED LIST	BR	dchg	
sequence-number	BOOLEAN			
report-time-stamp	BOOLEAN			
reason-for-inclusion	BOOLEAN			
data-set-name	BOOLEAN			
data-reference	BOOLEAN			
buffer-overflow	BOOLEAN			
entryID	BOOLEAN			
Conf-revision	BOOLEAN			
BufTm	INT32U	BR	dchg	
SqNum	INT16U	BR	—	
TrgOp	Trigger Conditions	BR	dchg	
IntgPd	INT32U	BR	dchg	0～MAX：0 隐含无完整性报告
GI	BOOLEAN	BR	—	
Purge Buf	BOOLEAN	BR	—	
EntryID	EntryID	BR		
TimeOfEntry	Entry Time	BR		
服务 Report GetBRCBValues SetBRCBValues				

图 1-10　BRCB 类定义

这里以 brcbDinc 为例来介绍一下，图 1−11 中 EPT61850 软件已经将报告控制块下面的数据属性友好化了，很直观地展现在我们面前。IEC 61850−7−2 报告格式参数名见表 1−11。

图 1−11　EPT61850 软件中报告控制块

表 1−11　　　　　　IEC 61850−7−2 报告格式参数名

IEC 61850−7−2 报告格式参数名	条件
报告 ID（RptID）	始终存在
报告中包括的选择区域（Reported OptFlds）	始终存在

续表

IEC 61850-7-2 报告格式参数名	条件
顺序编号（SeqNum）	当 OptFlds.sequence-number 或 OptFlds.full-sequence-number 为 TRUE 时存在
入口时间（TimeOfEntry）	当 OptFlds.report-time-stamp 为 TRUE 时存在
数据集（DatSet）	当 OptFlds.data-set-name 为 TRUE 时存在
发生缓冲溢出（BufOvfl）	当 OptFlds.buffer-overflow 为 TRUE 时存在
入口标识（EntryID）	当 OptFlds.entry 为 TRUE 时存在
配置版本（ConfRev）	当 OptFlds.conf-rev 为 TRUE 时存在
子序号（SubSeqNum）	当 OptFlds.segmentation 为 TRUE 时存在
有后续数据段（MoreSegmentFollow）	当 OptFlds.segmentation 为 TRUE 时存在
包含位串（Inclusion-bitstring）	应存在
数据索引［data-reference（s）］	当 OptFlds.data-reference 为 TRUE 时存在
值［value（s）］	见值
原因代码［ReasonCode（s）］	当 OptFlds.reason-for-inclusion I 为 TRUE 时存在

1）RptID：报告控制块的 ID 号，这里报告标识是 brcbDinc。

2）RptEna：报告控制块使能，当客户端访问服务器时，首先要将报告控制块使能置 1 才能进行将数据集内容上送。

3）DateSet：报告控制块所对应的数据集，这里就是 dsDin3。

4）CofRev：配置版本号，这里是 1。

5）OptFlds：包含在报告中的选项域，就是所发报告中所含的选项参数（如图 1-12 所示），来自 IEC 61850-8-1，这里总共 10 位。

BRC 状态的 ACSI 值	MMS 比特的位置
保留（Reserved）	0
序列号（sequence-number）	1
报告时间戳（report-time-stamp）	2
包含原因（reason-for-inclusion）	3
数据集名称（data-set-name）	4
数据索引（data-reference）	5
缓冲区溢出（buffer-overflow）	6
入口标识（entryID）	7
配置版本（conf-rev）	8
分段（Segmentation）	9

图 1-12　报告中所含的选项参数

6）BufTm：缓存时间，这里设得缺省值 0。

7）Sqnum：报告顺序号。

8）TrgOps：报告触发条件，有五个变化条件，值变化，品质变化，值更新上送，周期性上送，总召唤。

9）IntgPd：周期上送时间，这里是 0ms。

10）GI：表示总召唤，置 1，BRCB 启动总召唤过程。

11）PurgeBuf：清除缓冲区，当为 1 时，舍弃缓存报告。

12）EntryID：条目标识符。

13）TimeofEntry：条目时间属性。

14）品质 q，见表 1-12。

表 1-12　　　　　　　　　　　IEC 61850 数据品质 q

位	IEC 61850-7-3		位串	
	属性名称	属性值	值	缺省
0-1	合法性（Validity）	好（Good）	0　0	
		非法（Invalid）	0　1	
		保留（Reserved）	1　0	
		可疑（Questionale）	1　1	
2	溢出（Overflow）	好（Good）	TRUE	FALSE
	超量程（OutofRange）	非法（Invalid）	TRUE	FALSE
	坏索引（BadReference）	保留（Reserved）	TRUE	FALSE
	振荡（Oscillatory）	可以（Questionale）	TRUE	FALSE
	故障（Failure）		TRUE	FALSE
	过时数据（OldData）		TRUE	FALSE
	不相容（Inconsistent）		TRUE	FALSE
	不准确（Inaccurate）		TRUE	FALSE
	源（Source）	过程（Process）	0	0
		取代（Substituted）	1	
	测试（Test）		TRUE	FALSE
	操作员闭锁（OperatorBlocked）		TRUE	FALSE

（3）测量上送。遥测、保护测量类数据的上送功能通过 URCB（无缓冲报

告控制块）来实现，映射到 MMS 的读写和报告服务。通过无缓冲报告控制块，可以实现遥测的变化上送（比较死区和零漂）、周期上送、总召。由于采用了多可视的实现方案，使得事件可以同时送到多个后台。URCB 报告控制块、URCB 数据集、URCB 类分别如图 1-13～图 1-15 所示。

图 1-13 URCB 报告控制块

图 1-14 URCB 数据集

URCB 类				
属性名	属性类型	FC	TrgOp	值/值域/解释
URCBName	ObjectName	—	—	URCB 实例的实例名
URCBRef	ObjectReference	—	—	URCB 实例的路径名
报告处理器特定				
RptID	VISIBLE STRING65	RP	—	
RptEna	BOOLEAN	RP	dchg	
Resv	BOOLEAN	RP	—	
DatSet	ObjectReference	RP	dchg	
ConfRev	INT32U	RP	dchg	
OptFlds	PACKED LIST	RP	dchg	
reserved	BOOLEAN			
sequence-number	BOOLEAN			
report-time-stamp	BOOLEAN			
reason-for-inclusion	BOOLEAN			
data-set-name	BOOLEAN			
data-reference	BOOLEAN			
reserved	BOOLEAN			用于 BRCB 的缓存溢出
reserved	BOOLEAN			用于 BRCB entryID
Conf-revision	BOOLEAN			
BufTm	INT32U	RP	dchg	0~MAX
SqN um	INT8U	RP	—	
TrgOp	TriggerConditions	RP	dchg	
IntgPd	INT32U	RP	dchg	0~MAX
GI	BOOLEAN	BR	—	
服务 Report GetURCBValues SetURCBValues				

图 1-15 URCB 类

除了 URCBName、URCBRef、RptEna 和 Resv 之外，所有其他属性和 BRCB 属性相同，如图 1-16 所示。

```
▾ ACSI
  ▾ UnconfirmedPDU
    ▾ Report
        RPT
      ▾ DataAttributeValue: 20 items
        ▾ RptID
            visible-string: MEAS/LLN0.RP.urcbAinA
        ▾ OptFlds
          ▾ bit-string: 0111100000 (sequence-number, report-time-stamp, reason-for-inclusion, data-set-name)
              0... .... = reserved: False
              .1.. .... = sequence-number: True
              ..1. .... = report-time-stamp: True
              ...1 .... = reason-for-inclusion: True
              .... 1... = data-set-name: True
              .... .0.. = data-reference: False
              .... ..0. = buffer-overflow: False
              .... ...0 = entryID: False
              0... .... = conf-revision: False
              .0.. .... = segmentation: False
        ▾ SeqNum
            unsigned: 73
        ▾ TimeOfEntry
            timeofday: 2017-8-8,1:14:12,0.687000
        ▾ DatSet
            visible-string: CL2017MEAS/LLN0.dsAin1
        ▾ Inclusion
            bit-string: 11110100000000000011
        ▸ DataValue
        ▸ DataValue
        ▸ DataValue
        ▸ DataValue
        ▸ DataValue
        ▸ DataValue
        ▸ DataValue
        ▾ ReasonCode
            bit-string: 010000
        ▸ ReasonCode
        ▸ ReasonCode
```

图 1-16 URCB 类与 BRCB 类相同的属性（一）

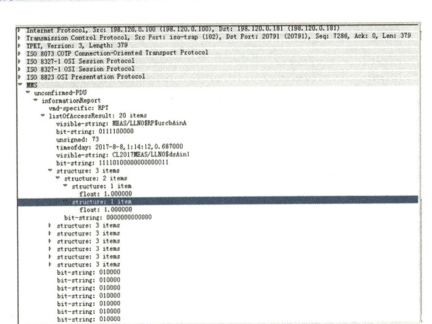

图 1-16 URCB 类与 BRCB 类相同的属性（二）

（4）控制。遥控、遥调等控制功能通过 IEC 61850 的控制相关数据结构实现，如图 1-17 所示，映射到 MMS 的读写和报告服务。IEC 61850 提供多种控制类型，如增强型 SBOw 功能和直控功能，支持检同期、检无压、闭锁逻辑检查等功能。

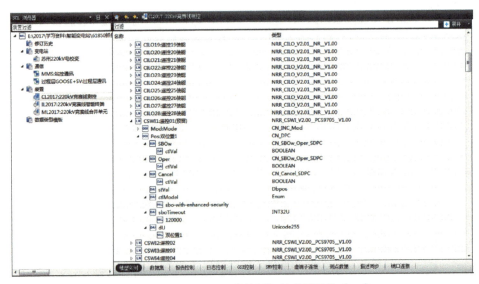

图 1-17 IEC 61850 中控制相关数据结构（一）

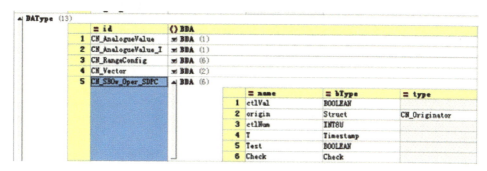

图 1-17　IEC 61850 中控制相关数据结构（二）

在 ACSI 中，最常用的控制类型是加强型选择控制，由带值选择、取消、执行三种服务共同完成。如图 1-18～图 1-22 所示：带值选择服务报文，如果服务器端支持该选择，将以肯定确认响应，否则将以否定确认响应，并给出否定响应的原因，SBOW 模型的数据属性值为一个结构体，共包含 6 个变量：

第一个变量值为控制值（False 为分，True 为合）；

第二个变量为源发者，是个结构体，包含源发者类型及源发者标识；

第三个变量时控制序号，标识该对象的控制次数，每发起一次成功的控制过程，该序号加 1；

第四个变量为发起控制时的 UTC 时标；

第五个变量为检修标识（False 为非检修，True 为置检修）；

第六个变量为校验位 check，从左往右依次为检同期、检联锁、一般遥控、不检、其余位保留。

ACSI 中的控制服务也需要映射到 MMS 规范中，通过现有的 MMS 通信体系来实现抽象通信。对于带值选择服务，若选择写成功，则可以继续发执行写；若选择写不成功，服务器端将以 LastAppError 报告响应客户端，控制过程结束。

对于执行服务，如果执行写成功，服务器端将以命令结束服务报告（Oper 的镜像报文）响应客户端；如果执行写不成功，服务器端将以 LastAppError 报告响应客户端，控制过程结束；对于取消服务，如果取消写成功，则控制过程结束；如果取消写失败，服务器端将以 LastAppError 报告响应客户端，控制过程结束；带值选择服务，MMS 控制报文由变量列表和数据两部分组成；变量列表有域名和项目名两部分，组合起来确定控制对象；Data 则为对象的控制值，该值为一个复合结构体；该结构体重成员数据的类型见报文所示，控制值为布尔量，源发者为结构体，控制序号为无符号单字节整型数据，检修标识为布尔量，时标为 UTC 时间（包含时间品质），check 位为位串数据。

遥控带值选择如图 1−18 所示。

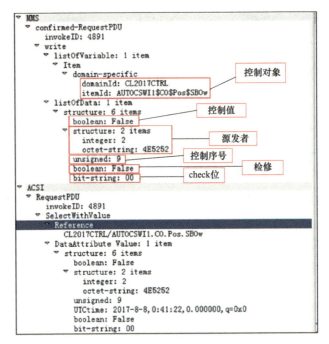

图 1−18　遥控带值选择

遥控带值选择成功如图 1−19 所示。

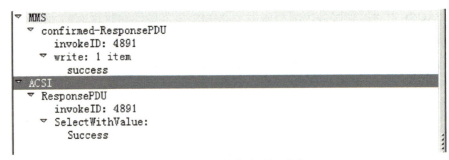

图 1−19　遥控带值选择成功

设置数据请求如图 1−20 所示。

设置数据请求成功如图 1−21 所示。

遥控执行如图 1−22 所示。

```
MMS
  confirmed-RequestPDU
    invokeID: 4892
    write
      listOfVariable: 1 item
        Item
          domain-specific
            domainId: CL2017CTRL
            itemId: AUTOCSWI1$CO$Pos$Oper
      listOfData: 1 item
        structure: 6 items
          boolean: False
          structure: 2 items
            integer: 2
            octet-string: 4E5252
          unsigned: 9
          boolean: False
          bit-string: 00
ACSI
  RequestPDU
    invokeID: 4892
    SetDataValues
      Reference
      DataAttribute Value: 1 item
        structure: 6 items
          boolean: False
          structure: 2 items
            integer: 2
            octet-string: 4E5252
          unsigned: 9
          UTCtime: 2017-8-8, 0:41:25, 0.000000, q=0x0
          boolean: False
          bit-string: 00
```

图 1-20　设置数据请求

```
MMS
  confirmed-ResponsePDU
    invokeID: 4892
    write: 1 item
      success
ACSI
  ResponsePDU
    invokeID: 4892
    SetDataValues:
      Success
```

图 1-21　设置数据请求成功

```
MMS
  unconfirmed-PDU
    informationReport
      listOfVariable: 1 item
        Item
          domain-specific
            domainId: CL2017CTRL
            itemId: AUTOCSWI1$CO$Pos$Oper
      listOfAccessResult: 1 item
        structure: 6 items
          boolean: False
          structure: 2 items
            integer: 2
            octet-string: 4E5252
          unsigned: 9
          boolean: False
          bit-string: 00
ACSI
  UnconfirmedPDU
    Report
      CL2017CTRL/AUTOCSWI1.CO.Pos.Oper
      DataAttributeValue: 1 item
        structure: 6 items
          boolean: False
          structure: 2 items
            integer: 2
            octet-string: 4E5252
          unsigned: 9
          UTCtime: 2017-8-8, 0:41:25, 0.000000, q=0x0
          boolean: False
          bit-string: 00
```

图 1-22　遥控执行

（二）GOOSE 服务

根据 IEC 61850 标准，GOOSE 报文在数据链路层上采用 ISO/IEC 8802-3 以太网协议，GOOSE 报文由报文头和协议数据单元PDU两部分组成，如图1-23 所示。

```
⊞ Frame 26639: 425 bytes on wire (3400 bits), 425 bytes captured (3400 bits)
⊟ Ethernet II, Src: CableTel_00:10:03 (00:10:00:00:10:03), Dst: Iec-Tc57_01:00:03 (01:0c:cd:01:00:03)
  ⊞ Destination: Iec-Tc57_01:00:03 (01:0c:cd:01:00:03)
  ⊞ Source: CableTel_00:10:03 (00:10:00:00:10:03)
    Type: IEC 61850/GOOSE (0x88b8)
⊟ GOOSE
    APPID: 0x1003 (4099)
    Length: 411
    Reserved 1: 0x0000 (0)
    Reserved 2: 0x0000 (0)
  ⊞ goosePdu
```

```
⊟ goosePdu
    gocbRef: IL2017RPIT/LLN0$GO$gocb0
    timeAllowedtoLive: 10000
    datSet: IL2017RPIT/LLN0$dsGOOSE0
    goID: IL2017RPIT/LLN0.gocb0
    t: Aug  8, 2017 01:08:22.142998158 UTC
    stNum: 193
    sqNum: 4
    test: False
    confRev: 1
    ndsCom: False
    numDatSetEntries: 46
  ⊟ allData: 46 items
    ⊟ Data: bit-string (4)
        Padding: 6
        bit-string: 80
    ⊞ Data: bit-string (4)
    ⊞ Data: bit-string (4)
    ⊞ Data: bit-string (4)
    ⊞ Data: bit-string (4)
    ⊞ Data: bit-string (4)
    ⊞ Data: bit-string (4)
    ⊞ Data: bit-string (4)
    ⊞ Data: bit-string (4)
    ⊞ Data: bit-string (4)
    ⊞ Data: bit-string (4)
    ⊞ Data: bit-string (4)
    ⊞ Data: bit-string (4)
    ⊞ Data: bit-string (4)
```

图 1-23　GOOSE 报文

GOOSE 报文头各参数含义如下：

6 个字节的目的地址"01-0C-CD-01-00-03"和 6 个字节的源地址"00-10-00-00-10-03"。对于 GOOSE 报文的目的地址，前三个字节固定为"01-0C-CD"，第四个字节为"01"时代表 GOOSE。IEC 61850 规定 GOOSE 报文目的地址取值范围为 01-0C-CD-01-00-00～01-0C-CD-01-01-FF。

APPID "0x 1003" 是应用标识，全站唯一。

APPID 后面是长度字段 Length，标识数据帧从 APPID 开始到应用协议数据单元 APDU 结束的部分共 411 个字节。

保留位 1 和保留位 2 共占有 4 个字节，默认值为 "0x 00 00 00 00"。

GOOSE 协议数据单元 PDU 各参数含义如下：

gocbRef：即 GOOSE 控制块引用，由分层模型中的逻辑设备名、逻辑节点名、功能约束和控制名级联而成。

Time Allowed to live：即报文允许生存时间，该参数值一般为心跳时间 T0 值的 2 倍，如果接收端超过 2T0 时间内没有收到报文则判断报文丢失，在 4T0 时间内没有收到下一帧报文即判断为 GOOSE 通信中断，判出中断后装置会发出 GOOSE 断链报警。

Dataset：即 GOOSE 控制块所对应的 GOOSE 数据集引用名，由逻辑设备名、逻辑节点名和数据集名级联而成。报文中 Data 部分传输的就是该数据集的成员值。

goID：该参数是每个 GOOSE 报文的唯一性标识，该参数的作用和目的地址、APPID 的作用类似。接收方通过目的地址、APPID 和 goID 等参数进行检查，判断是否为其所订阅的报文。

t：即 Event TimeStamp，事件时标，其值为 GOOSE 数据发生变位的时间，即状态号 stNum 加 1 的时间。

stNum：即 StateNumber，状态序号，用于记录 GOOSE 数据发生变位的总次数。

sqNum：即 SequenceNumber，顺序号 SqNum，用于记录稳态情况下报文发出的帧数，装置每发出一帧 GOOSE 报文，SqNum 应加 1；当有 GOOSE 数据变化时，该值归 0，从头开始重新计数。

test：检修标识，用于表示发出 GOOSE 报文的装置是否处于检修状态。当检修压板投入时，test 应为 true。

conRev：配置版本号，Config Revision 是一个计数器，代表 GOOSE 数据集配置被改变的次数。当对 GOOSE 数据集成员进行重新排序、删除等操作时，GOOSE 数据集配置被改变。配置每改变一次，版本号应加 1。

ndsCom：即 Needs Commissioning，该参数是一个布尔型变量，用于指示 GOOSE 是否需要进一步配置。

NumDataSetEntries：即数据集条目数，图中值为 "46"，代表 GOOSE 数据

集中含有 46 个成员，相应的报文 Data 部分含有 46 个数据条目。

Data：该部分是 GOOSE 报文所传输的数据当前值。Data 部分各个条目的含义，先后次序和所属的数据类型都是由配置文件中的 GOOSE 数据集定义的。

goose 报告控制块及数据集在 SCD 文件中对应的信息如图 1-24～图 1-26 所示。

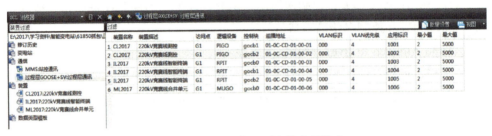

图 1-24 逻辑设备下对应的参数信息

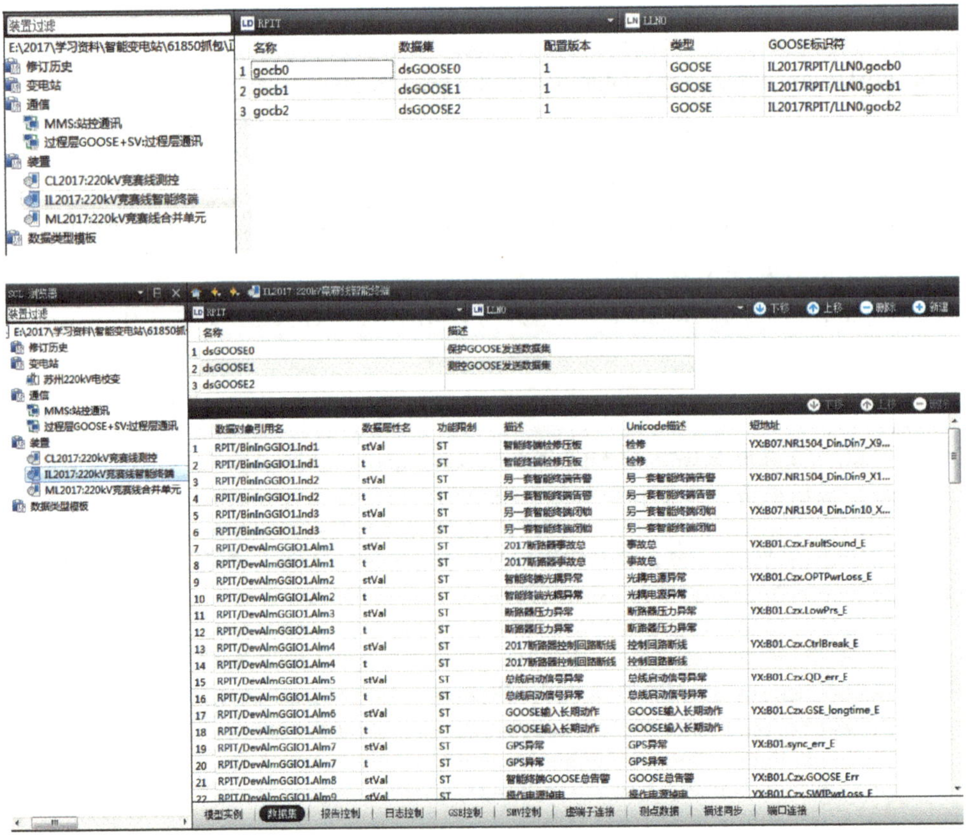

图 1-25 SCD 中报告控制块对应的数据集

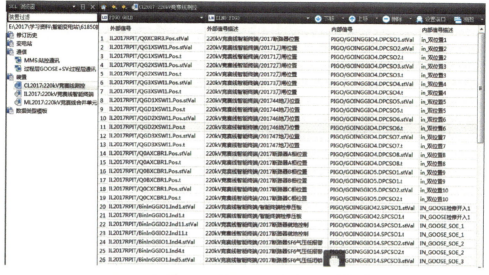

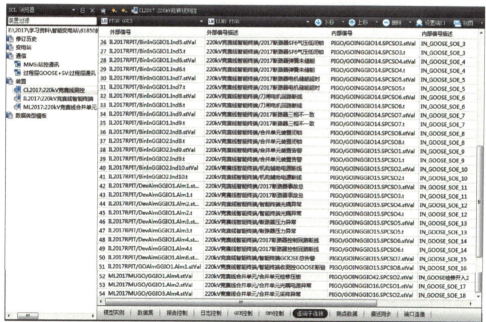

图 1-26 SCD 中测控与智能终端及合并单元的虚端子连接

（三）SV 服务

根据 IEC 61850-9-2，SV 报文在数据链路层上采用 ISO/IEC 8802-3 以太网协议，和 GOOSE 报文相同，SV 报文由报文头和协议数据单元 PDU 两部分组成，如图 1-27 所示。

1. SV 报文各参数含义

（1）6个字节的目的地址"01-0C-CD-04-00-01"和6个字节的源地址"00-C0-00-00-40-01"。9-2 SV 报文的目的地址，前三个字节固定为"01-0C-CD"，第四个字节为04。IEC 61850 规定 SV 报文目的地址取值范围为 01-0C-CD-04-00-00～01-0C-CD-04-01-FF。

（2）APPID"4001"，该值全站唯一。

（3）APPID 后面是长度字段 Length：416，表示数据帧从 APPID 开始到 APDU 结束的部分共 416 字节。

（4）保留位1和保留位2共占有4个字节，默认值为"0x 00 00 00 00"。

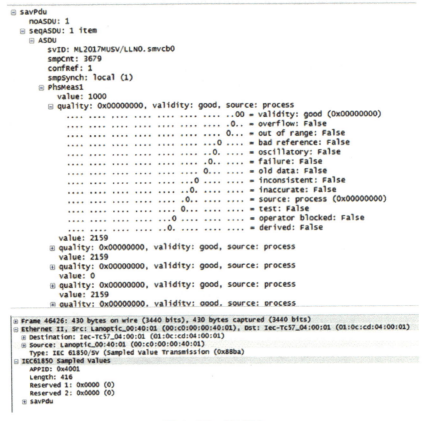

图 1-27 SV 报文

2. SV 协议数据单元 PDU 各参数含义

（1）svID：即采样值控制块标识，由合并单元模型中的逻辑设备名、逻辑节点名和控制块名级联组成。

（2）smpCnt：采样计数器用于检查数据内容是否被连续刷新，合并单元每发出一个新的数据 smpCnt 应加 1。

（3）conRef：配置版本号含义与 GOOSE 报文中的 Config Revision 类似。配置每改变一次，配置版本号应加 1。

（4）smpSync：同步标识位用于反映合并单元的同步状态。当同步脉冲丢失后，合并单元先利用内部晶振进行守时。当守时精度能够满足同步要求时，应为 TRUE；当不能够满足同步要求时，应变为 FALSE。

（5）PhsMeas1："PhsMeas1" 中各个通道的含义、先后次序和所属的数据类型都是由配置文件中的采样数据集定义的。

3. 品质值中的 3 个标志位的含义

（1）状态有效标志 validity。如果一个电子式互感器内部发生故障（例如传感元件损坏），那么相应通道的状态有效标志位应置为无效。此时测控需要有针对性地增加相应的处理内容。

（2）检修标志位 test。检修位用于表示发出该采样值报文的合并单元是否处于检修状态。当检修压板投入时，合并单元发出的采样值报文中的检修位应为 TRUE。接收端装置应将接收的采样值报文的 test 位与自身的检修压板状态进行比对，只有当两者一致时才将信号作为有效处理或动作。

（3）Derived 标志。Derived 标志用于反映该通道的电压电流是否为合成量。

SV 报告控制块及数据集在 SCD 文件中对应的信息如图 1-28 和图 1-29 所示。

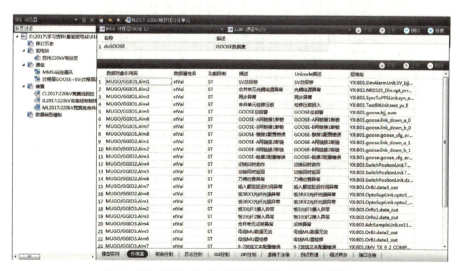

图 1-28 SCD 中 SV 报告控制块对应的数据集

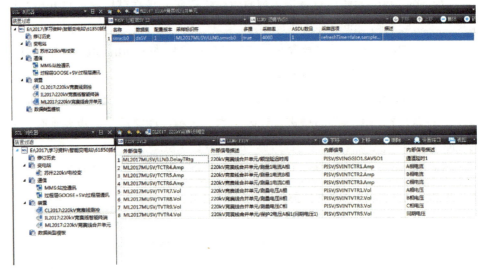

图 1-29 SCD 中测控与合并单元之间的虚端子连接

（四）典型报文解析

（1）如图 1-30 所示为变电站网络报文分析仪截取的一段报文。

```
0000  01 0c cd 01 00 0a 00 53 46 01 00 01 88 b8 00 0a
0010  03 b2 00 00 00 00 61 82 03 a6 80 18 49 4c 32 58
0020  38 38 52 50 49 54 2f 4c 4c 4e 30 24 47 4f 24 47
0030  4f 43 42 32 81 02 27 10 82 18 49 4c 32 58 38 38
0040  52 50 49 54 2f 4c 4c 4e 30 24 64 73 47 4f 4f 53
0050  45 32 83 18 49 4c 32 58 38 38 52 50 49 54 2f 4c
0060  4c 4e 30 24 47 24 47 4f 43 42 32 84 00 58 68
0070  c2 46 2f 64 00 61 85 02 00 e2 86 02 24 5b 87 01
0080  00 88 01 01 89 01 00 8a 02 00 83 ab 82 03 31 83
0090  01 00 91 08 59 68 ad 1b bf 7c 00 0a 83 01 00 91
00a0  08 59 68 ad 1b bf 7c 00 0a 83 01 00 91 08 59 68
00b0  c2 1f 7e 35 00 0a 83 01 00 91 08 59 68 b8 41 c9
00c0  58 00 0a 83 01 00 91 08 59 68 ad 1b bf 7c 00 0a
00d0  83 01 00 91 08 59 68 ad 1b bf 7c 00 0a 83 01 00
00e0  91 08 59 68 ad 1b bf 7c 00 0a 83 01 00 91 08 59
00f0  68 ad 1b bf 7c 00 0a 83 01 00 91 08 59 68 ad 1b
0100  bf 7c 00 0a 83 01 00 91 08 59 68 ad 1b bf 7c 00
0110  0a 83 01 00 91 08 59 68 ad 1b bf 7c 00 0a 83 01
0120  00 91 08 59 68 ad 1b bf 7c 00 0a 83 01 00 91 08
0130  59 68 ad 1b bf 7c 00 0a 83 01 00 91 08 59 68 ad
0140  1b bf 7c 00 0a 83 01 00 91 08 59 68 ad 1b bf 7c
0150  00 0a 83 01 00 91 08 59 68 ad 1b bf 7c 00 0a 83
0160  01 00 91 08 59 68 ad 1b bf 7c 00 0a 83 01 00 91
0170  08 59 68 ad 1b bf 7c 00 0a 83 01 00 91 08 59 68
0180  ad 1b bf 7c 00 0a 83 01 00 91 08 59 68 ad 1b bf
0190  7c 00 0a 83 01 00 91 08 59 68 ad 1b bf 7c 00 0a
01a0  83 01 00 91 08 59 68 ad 1b bf 7c 00 0a 83 01 00
01b0  91 08 59 68 ad 1b bf 7c 00 0a 83 01 00 91 08 59
01c0  68 ad 1b bf 7c 00 0a 83 01 00 91 08 59 68 ad 1b
01d0  bf 7c 00 0a 83 01 00 91 08 59 68 ad 1b bf 7c 00
01e0  0a 83 01 00 91 08 59 68 ad 1b bf 7c 00 0a 83 01
```

图 1-30 变电站网络报文分析仪部分报文

解析：

1）88B8，该报文 GOOSE 报文。

2）组播 MAC 地址：01－0c－cd－01－00－0a，APPID：0x 00 0a。

3）timeAllowedtoLive 为 0x 2710，十进制为 10000。

4）stNum 为 0x 00e2，十进制为 226；sqNum 为 0x245b，十进制为 9307。

5）numDataSetEntries 值为 0x 0083，十进制为 131，代表数据集数据对象个数为 131 个。

（2）如图 1-31 所示为变电站网络分析装置截取的一段报文。

解析：

1）88BA，该报文是为 SV 报文。

2）组播 MAC 地址为 01－0C－CD－40－00－02，APPID 为 0x4002。

3）svid 长度为 0x 16，十进制为 22。

4）smpCnt 为 0x 05 FF，十进制为 1535。

5）smpSynch 为 true，为采样同步。

6）数据值长度为 0x0160，转成十进制为 352，遥测值与品质各占四个字节，则数据对象个数为 352/8＝44。

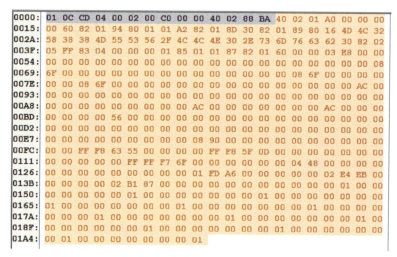

图 1-31　变电站网分部分报文

习　题

1. IEC 61850 服务分有哪几种？

2. SV 和 GOOSE 协议的 APPID 定义的范围分别是多少？

3. 图 1-32 是某数字化保护的一帧 GOOSE "心跳报文"，请说出该装置 GOOSE 报文的组播 MAC 地址，并说出正常情况下的稳定重传周期 T_0 为多少，以及下一帧报文的 StNum 及 SqNum 值是多少？

```
⊞ Frame 23 (165 bytes on wire, 165 bytes captured)
⊞ Ethernet II, Src: 00:10:00:00:04:21 (00:10:00:00:04:21), Dst: 01:0c:cd:01:04:21 (01:0c:cd:01:04:21)
⊟ IEC 61850 GOOSE
     AppID*: 1057
     PDU Length*: 151
     Reserved1*: 0x0000
     Reserved2*: 0x0000
  ⊟ PDU
      IEC GOOSE
      {
        Control Block Reference*:   PL2208BGOLD/LLN0$GO$gocb0
        Time Allowed to Live (msec): 10000
        DataSetReference*:   PL2208BGOLD/LLN0$dsGOOSE0
        GOOSEID*:   PL2208BGOLD/LLN0$GO$gocb0
        Event Timestamp:  2009-02-10 13:53.8.043999  Timequality: 0a
        StateNumber*:    23
        SequenceNumber*:    Sequence Number:  21072
        Test*:    FALSE
        Config Revision*:    1
        Needs Commissioning*:    FALSE
        Number Dataset Entries:  8
        Data
        {
          BOOLEAN:   FALSE
          BOOLEAN:   FALSE
          BOOLEAN:   FALSE
          BOOLEAN:   FALSE
          BOOLEAN:   FALSE
          BOOLEAN:   FALSE
          BOOLEAN:   FALSE
          BOOLEAN:   FALSE
        }
      }
```

图 1-32　某数字化保护的一帧 GOOSE "心跳报文"

第二章

智能变电站监控系统

第一节　智能变电站监控系统概述

学习目标

1. 掌握智能变电站监控系统的体系结构。
2. 掌握智能变电站监控系统的基本功能。
3. 了解常见的智能变电站监控系统厂商及系统。

知识点

　　智能变电站是由智能化一次设备和网络化二次设备分层构建，是实现变电站内智能电气设备间信息共享和互操作的现代化变电站。智能变电站监控系统作为智能变电站的控制中枢，相较于传统常规变电站增加了合并单元、智能终端等过程层设备，并通过过程层交换机组成过程层网络。过程层、间隔层及站控层设备通过 SCD 生成下装配置文件，实现全站自动化信息的数字化传送，大大提高了变电站内数据信息资源的共享。本节主要介绍智能变电站监控系统的体系结构、基本功能及常见的智能变电站监控系统，帮助变电站自动化检修人员快速了解、熟悉智能变电站监控系统，提升变电站自动化检修人员处置智能变电站监控系统问题的能力。

一、智能变电站监控系统的体系结构

智能变电站监控系统是按照全站信息数字化、通信平台网络化、信息共享标准化的基本要求，通过系统集成优化，实现全站信息的统一接入、统一存储和统一展示，实现运行监视、操作与控制、信息综合分析与智能告警、运行管理和辅助应用等功能的系统。

智能变电站监控系统与常规变电站监控相比，除了间隔层、站控层及站控层网络之外，增加了过程层及过程层网络，采用三层两网的体系结构，如图 2-1 所示。

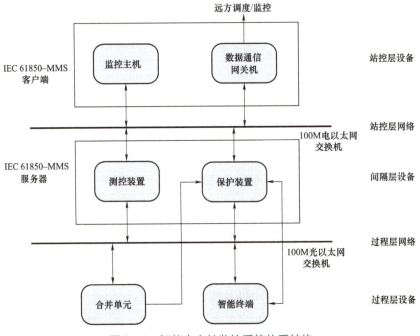

图 2-1 智能变电站监控系统体系结构

智能变电站监控系统站控层设备包括监控主机、数据通信网关、数据服务器、综合应用服务器、操作员站、工程师工作站等。

间隔层设备包括继电保护装置、测控装置、故障录波装置、网络记录分析仪等。

过程层设备包括合并单元、智能终端、智能组件等。

站控层网络是间隔层设备和站控层设备之间的网络，实现站控层内部以及站控层和间隔层之间的数据传输。站控层网络设备包括站控层中心交换机和间隔交换机。站控层中心交换机连接数据通信网关机、监控主机、综合应用服务器、数据服务器等设备，间隔交换机连接间隔内的保护、测控和其他智能电子设备。站控层和间隔层之间的网络通信协议采用 MMS，故也称为 MMS 网。

过程层网络是间隔层设备和过程层设备之间的网络，实现间隔层设备和过程层设备之间的数据传输。过程层网络主要传输 SV 和 GOOSE 报文。

二、智能变电站监控系统的基本功能

智能变电站监控系统的功能应满足如下要求：

（1）通过各应用系统的集成和优化，实现电网运行监视、操作控制、信息综合分析与智能告警、运行管理和辅助应用功能。

（2）遵循 DL/T 860《变电站通信网络和系统标准》，实现站内信息、模型、设备参数的标准化和全景信息的共享。

（3）遵循 Q/GDW 215、Q/GDW 622、Q/GDW 623、Q/GDW 624，满足调度对站内数据、模型和图形的应用需求。

（4）变电站二次系统安全防护遵循国家电力监管委员会电监安全〔2006〕34 号文。

（一）运行监视

1. 运行监视的总体要求

（1）应在 DL/T 860 的基础上，实现全站设备的统一建模。

（2）监视范围包括电网运行信息、一次设备状态信息、二次设备状态信息和网络运行监视。

（3）应对主要一次设备（变压器、断路器等）、二次设备运行状态进行可视化展示，为运行人员快速、准确地完成操作和事故判断提供技术支持。

2. 电网运行监视内容及功能

（1）电网实时运行信息包括电流、电压、有功功率、无功功率、频率，断路器、隔离开关、接地开关、变压器分接头的位置信号等。

（2）电网实时运行告警信息包括全站事故总信号、继电保护装置和安全自动装置动作及告警信号、模拟量的越限告警、双位置节点一致性检查、信息综合分析结果及智能告警信息等。

（3）支持通过计算公式生成各种计算值，计算模式包括触发、周期循环方式。

（4）断路器事故跳闸时自动推出事故画面。

（5）设备挂牌应闭锁关联的状态量告警与控制操作，检修挂牌应能支持设备检修态下的状态量告警与控制操作。

（6）实现保护等二次设备的定值、软压板信息、装置版本及参数信息的监视。

（7）全站事故总信号宜由任意间隔事故信号触发，并保持至一个可设置的时间间隔后自动复归。

（二）操作与控制

操作与控制的总体要求如下：

（1）应支持变电站、集控站和调度（调控）中心对站内设备的控制与操作，包括遥控、遥调、人工置数、标识牌操作、闭锁和解锁等操作。

（2）应满足安全可靠的要求，所有相关操作应与设备和系统进行关联闭锁，确保操作与控制的准确可靠。

（3）应支持操作与控制可视化。

（三）信息综合分析与智能告警

信息综合分析与智能告警的总体要求如下：

（1）应实现对站内实时/非实时运行数据、辅助应用信息、各种告警及事故信号等综合分析处理。

（2）系统和设备应根据对电网的影响程度提供分层、分类的告警信息。

（3）应按照故障类型提供故障诊断及故障分析报告。

（四）运行管理

运行管理的总体要求如下：

（1）支持源端维护和模型校核功能，实现全站信息模型的统一。

（2）建立站内设备完备的基础信息，为站内其他应用提供基础数据。

（五）辅助应用

辅助应用的总体要求如下：

（1）实现对辅助设备运行状态的监视：包括电源、环境、安防、辅助控制等。

（2）支持对辅助设备的操作与控制。

（3）辅助设备的信息模型及通信接口遵循 DL/T 860 标准。

三、常见的智能变电站监控系统厂商及系统

目前智能变电站常见的监控系统厂商有南瑞科技、南瑞继保、北京四方等，

智能变电站监控系统有 NS3000S、PCS-9700、CSC-2000（V2）等。

（一）南瑞科技 NS3000S 监控系统

南瑞科技 NS3000S 监控系统是一个满足厂站端各种监控需求的开发平台。主要平台模块包括了系统数据建模工具、支持动态模型的数据库系统、通用组态软件与数据模板管理、按通信规约建模的通信管理系统、与应用无关的图形系统、综合量计算模块以及系统功能冗余等管理模块，为了提高开发质量，同时提供了仿真控制与调试模块。这些模块均为跨 UNIX/Windows/Linux 操作系统平台设计。

（二）南瑞继保 PCS-9700 厂站监控系统

南瑞继保 PCS-9700 厂站监控系统采用了分布式网络技术、面向对象的数据库技术、跨平台的可视化技术，全面支持 IEC 60870-5-103、IEC 61850 等国际标准，由统一应用支撑平台和基于该平台一体化设计开发的厂站监控应用组成。系统采用了分布式、可扩展、可异构的体系架构，应用程序和数据库可在各个计算机节点上进行灵活配置。系统可以由安装不同操作系统的计算机组成，功能可根据用户需求方便地进行扩展，满足用户对系统灵活性和可伸缩性的需求。

南瑞继保 PCS-9700 厂站监控系统功能模块分为基本功能和高级功能。基本功能包括：数据采集及处理、事件顺序记录、报警及事件记录、历史数据记录、图形显示及打印、曲线管理、接线图动态拓扑着色、数据库组态、画面编辑、图元编辑、时间同步、用户及权限管理、系统自诊断与自恢复、系统备份/还原等。高级功能包括：保护信息管理、报表管理、事故追忆 PDR、变电站电压无功调节 VQC、程序化操作等。

（三）北京四方 CSC-2000（V2）监控系统

北京四方 CSC-2000（V2）监控系统应用于 1000kV 及以下各种电压等级的变电站，V2 系统支持 IEC 61850 标准的同时，兼容现有标准通信协议。V2 系统的特性包括：分层分布面向对象的设计理念、适用于多操作系统（Windows/UNIX）多硬件系统（64 位、32 位）的混合平台、支持 IEC 61850 标准、集成电压无功控制（VQC）功能、集成一体化"五防"功能（① 防止误分合断路器；② 防止带负荷拉隔离开关；③ 防止带电合接地开关或挂接地线；④ 防止带接地开关或挂接地线合断路器或隔离开关；⑤ 防止误入带电间隔），实现完整的操作票专家系统功能、采用图库一体化设计，支持拓扑分析、动态着色等。

V2 系统的功能模块包括通信、AVQC、五防与操作票等采用组件式设计统一实现，可以根据客户的不同需求，在计算机上灵活配置。在 220kV 及以上的高压变电站中，有全分布方式和高集成度方式两种典型配置方案。全分布式方式为将主要应用分散到不同的服务器上运行，而高集成度方式是将主要应用按主、备方式集中到两台监控主机上运行。对于 110kV 及以下的变电站，除远动外的所有功能可采用单计算机来实现。

习 题

1. 智能变电站的"三层两网"是指什么？
2. 智能变电站监控系统站控层设备包括哪些？请至少写出 4 种。
3. 智能变电站监控系统过程层设备包括哪些？请至少写出 3 种。
4. 电网运行监视内容及功能要求是什么？
5. 南瑞继保 PCS-9700 厂站监控系统功能模块分的基本功能包括哪些？请至少写出 6 种。

第二节 过程层装置的原理及功能介绍

学习目标

1. 掌握合并单元的原理和功能。
2. 掌握智能终端的原理和功能。
3. 掌握过程层交换机的原理和功能。
4. 了解常见的过程层装置型号及特点。

知 识 点

智能变电站过程层装置主要包括合并单元、智能终端及其他智能组件等，其中以合并单元和智能终端应用最为广泛。除与保护装置采用直采直跳方式通信外，过程层装置通过过程层交换机以组网方式与其他间隔层装置通信。本节主要介绍合并单元、智能终端、过程层交换机的原理及功能，并介绍常见的合并单元、智能终端、过程层交换机的型号及特点，帮助变电站自动化检修人员快速了解和熟悉过程层装置的概念，并以此加深对智能变电站的理解。

一、合并单元的原理和功能

合并单元（merging unit，MU），其基本功能是对多组外部电压、电流信号量采集汇总，并输出 IEC 61850 标准报文。

根据合并单元采集对象和用途的差异，可分为母线合并单元和间隔合并单元。母线合并单元可接收至少 2 组电压互感器数据，支持向其他合并单元提供级联母线电压数据，并具备母线电压并列功能。间隔合并单元用于单间隔内模拟量的采集，向间隔层设备提供本间隔电压、电流数据，并具备电压切换功能。

1. 采样处理

合并单元最重要的功能是对采集的模拟量进行规约转换，通过 AD 转换器将模拟量转换成数字量，并生成 SV 报文。

2. 数据同步

为了保证数字量数据的可用性，需要将不同模拟通道采集的数据进行同步后再打包生成 SV 报文，各个通道 AD 采样同步性由合并单元内部的 FPGA 来控制。当合并单元需要接收外部数字量数据一起汇总时，还存在本间隔数据和外部合并单元数据间的同步，通常采用插值同步算法。

3. 双 AD 采样

为避免继电保护装置由于合并单元数据异常造成不正确动作，合并单元采用双 AD 采样系统进行数据采集，两路 AD 电路输出的结果完全独立，每个采样值均带品质位输出。遥测量由于不会造成保护装置误动，一般采用单 AD 采样。

4. 电压并列和切换

单母分段、双母线、双母分段等主接线形式的母线合并单元应具备电压并列功能。母线合并单元通过 GOOSE 信号或硬接点形式输入母联断路器和隔离开关位置，由软件实现电压并列功能。对于主接线形式为双母线的间隔合并单元需接收两段母线电压信号，并根据隔离开关的 GOOSE 信号实现电压切换功能。

合并单元对外支持多路输出，为满足工程需要，合并单元通常具备不低于 8 个采样通道的输出端口。影响合并单元的主要技术指标为延时与时间同步性能。合并单元报文中数据延时应包括所有环节的采样延时，采样值报文从接收端口输入至输出端口输出的总延时不应大于 1ms，级联合并单元采样响应延时不应大于 2ms，采样值发送的间隔离散值不应大于 10μs，合并单元的对时精度应小于 1μs，且应具有守时功能，在失去同步时钟信号 10min 以内的守时误差应小于 4μs。

二、智能终端的原理和功能

智能终端是一种智能变电站内的智能组件，与一次设备采用电缆连接，与保护、测控等二次设备采用光纤连接，实现对一次设备（如：断路器、隔离开关、主变压器等）的测量、控制等功能。

智能终端根据控制对象的不同，可分为断路器智能终端和本体智能终端。断路器智能终端与断路器、隔离开关及接地开关等一次设备就近安装，完成对一次设备、环境等的信息采集和分合控制等。本体智能终端与主变压器、高压电抗器等一次设备就近安装包含如非电量动作、调挡及测温等完整的本体信息交互功能，并可提供用于闭锁调压、启动风冷、启动充氮灭火等出口接点，同时还具备完成中性点接地开关控制、本体非电量保护等功能。

1. 断路器隔离开关等操作控制功能

智能终端操作功能替代了传统断路器的操作箱功能，包含分合闸回路、合后监视、重合闸、操作电源监视、控制回路断线监视等功能。智能终端接收测控的分合闸等 GOOSE 命令实现开关的遥控，替代了原有测控装置的硬电缆出口回路，同时保留了三跳无源触点输入接口，经过大功率抗干扰重动继电器重动，具有抗 AC220V 工频电压干扰的能力。

智能终端提供一组或两组断路器跳闸回路，一组断路器合闸回路，一般还提供若干数量的用于控制隔离开关和接地开关的分合闸出口接点。智能终端接收测控装置的五防联锁结果 GOOSE 信号，转换为无源触点串在电气五防内实现隔离开关联闭锁功能。

2. 开关量及模拟量采集功能

智能终端具有多路外部开关量输入功能，能够采集包括断路器位置、隔离开关位置、断路器本体信号、非电量信号、挡位，以及中性点隔离开关位置在内的开关量信号。具有多路直流量输入接口，可接入 4～20mA，或 0～5V 的直流量，用于测量装置所处环境的温度、湿度等。

3. 对时功能

智能终端的开入量转换为 GOOSE 报文均存在一定延时，因此测控装置接收到 GOOSE 报文的时间，并不能准确反映外部开关量的变位时间。因此，在 GOOSE 报文的每个通道均包含变位时标，反映该开关量最近一次变位时刻，因此智能终端需要进行准确对时。智能终端通常采用光纤 IRIG-B 码接受对时信息。

4. 闭锁告警功能

闭锁告警功能包括电源中断、通信中断、通信异常、GOOSE 断链、装置内部异常等。智能终端应具备自诊断功能，并能输出装置本身的自检信息，自检项目包括开入光耦自检、控制回路断线自检、断路器位置不对应自检、定值自检、程序 CRC 自检等。

三、过程层交换机的原理和功能

智能变电站过程层交换机是一种用于光信号转发的二层以太网网络设备。智能变电站过程层交换机除满足传统以太网交换机的数据传输功能外，还应充分考虑工业应用环境中的各种恶劣条件和干扰因素，并保证数据在严酷环境下可靠传输。主要功能包括：

1. 以太网交换

端口为自适应快速以太网接口，交换模式为无阻塞存储转发，支持 IEEE 802.3X Flow Control。

2. 流量控制

可设定交换机广播报文、多播报文和寻址失败报文的转发速率上限（网络风暴抑制）；可设定各端口的报文转发速率上限和突发速率上限（端口速率控制）；可在指定端口上监视其他端口的流入和流出数据（端口镜像）；支持基于端口、MAC 地址等的链接聚合；支持基于 IEEE 802.1p 的报文优先级控制，支持严格优先级和权重优先级策略。

3. VLAN 划分

支持基于端口的 VLAN；支持基于 MAC 地址的 VLAN；支持基于协议的 VLAN；支持基于 IEEE 802.1Q 的 VLAN；支持多个 VLAN 相互交叉设置。

4. 组播管理

支持基于 IEEE802.1Q 的 VLAN 组播方式；支持基于 MAC 地址的静态组播管理；支持 GMRP 动态组播管理；支持 IGMP snooping 动态组播管理。

5. 端口安全管理

支持基于静态 MAC 地址的端口安全认证；支持基于 IEEE802.1X 的端口安全认证；支持基于 SSL/SSH 网络安全性协议；支持端口 MAC 地址学习数量限制；支持 Telnet 功能开启和关闭；支持防 DOS 攻击；支持安全日志和操作日志功能。

6. 文件管理

支持对交换机配置文件的离线修改功能；支持对交换机配置文件的上传下载功能；支持交换机日志和事件文件下载到 PC 机功能。

四、常见的过程层装置型号及特点

目前，智能变电站常见的间隔合并单元有南瑞科技 NSR-386AG、南瑞继保 PCS-221GB-G、北京四方 CSD-602AG 等，常见的间隔智能终端有南瑞科技 NSR-385AG、南瑞继保 PCS-222B、北京四方 CSD-601A 等。

（一）南瑞科技 NSR-386AG

NSR-386AG 为由微机实现的用于智能变电站的合并单元，如图 2-2 所示。其主要功能为采集电磁式互感器、电子式互感器、光电式互感器的模拟量，经过同步和重采样等处理后为保护、测控、录波器等提供同步的采样数据。NSR-386A（G）为用于线路或变压器的间隔合并单元，其可以发送一个间隔的电气量数据（典型值为：U_a、U_b、U_c、U_0、I_a、I_b、I_c、I_{ma}、I_{mb}、I_{mc}、I_0、I_j），并实现电压切换功能。

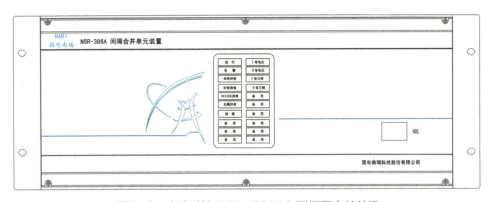

图 2-2　南瑞科技 NSR-386AG 型间隔合并单元

（二）南瑞继保 PCS-221GB-G

PCS-221GB-G 为适用于常规互感器的合并单元，如图 2-3 所示。采取就地安装的原则，通过交流头就地采样信号，然后通过 IEC 61850-9-2 协议发送给保护或者测控、计量装置。具有以下功能：

（1）最大采集三组三相保护电流、二组三相测量电流、二组三相保护电压、一组三相测量电压。

（2）通过通道可配置的扩展 IEC 60044-8 或者 IEC 61850-9-2 协议接收母线合并单元三相电压信号，实现母线电压切换功能。

（3）采集母线隔离开关位置信号（GOOSE 或常规开入）。

（4）接收光 PPS、光纤 IRIG-B 码、IEEE1588 同步对时信号。

（5）支持 DL/T 860.92 组网或点对点 IEC 61850-9-2 协议，输出 7 路。

（6）支持 GOOSE 输出功能。

图 2-3　南瑞继保 PCS-221GB-G 型间隔合并单元

（三）北京四方 CSD-602AG

CSD-602AG 合并单元装置如图 2-4 所示，适用于智能化变电站，可采集传统电流、电压互感器的模拟量信号，及电子式电流、电压互感器的数字量信号，并将采样值（SV）按照 IEC 61850-9-2 以光以太网形式上送给间隔层的保护、测控、故障录波等装置。可根据过程层智能终端发送过来的面向通用对象的变电站事件（GOOSE）或本装置就地采集开入值来判断隔离开关、断路器

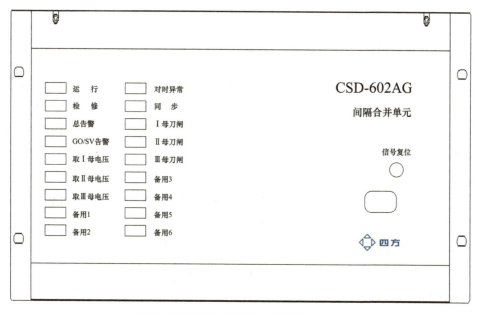

图 2-4　CSD-602AG 合并单元装置

位置，完成切换或并列功能；同时可以按照 IEC 61850 定义的 GOOSE 服务与间隔层的测控装置进行通信，将装置的运行状态、告警、遥信等信息上送。

（四）南瑞科技 NSR-385AG

NSR-385AG 型断路器智能终端如图 2-5 所示，配置了两组跳闸出口、一组合闸出口，以及 4 把隔离开关、3 把接地开关的遥控分合出口和一定数量的备用输出，可与分相或三相操作的断路器配合使用，保护装置或其他设备可通过智能终端对一次断路器设备进行分合操作。NSR-385AG 支持 DL/T 860（IEC 61850）标准，装置跳合闸命令和开关量输入输出可提供光纤以太网接口，支持 Goose 通信。

NSR-385AG 断路器智能终端

运行	G01网络断链	G01配置错误	A相跳闸	A相合位	隔刀71合位	地刀72合位	开入35	开入45	备用
告警	G02网络断链	G02配置错误	B相跳闸	A相分位	隔刀71分位	地刀72分位	开入36	开入46	备用
检修	G03网络断链	G03配置错误	C相跳闸	B相合位	隔刀72合位	地刀73合位	开入37	开入47	备用
对时异常	G04网络断链	G04配置错误	重合闸	B相分位	隔刀72分位	地刀73分位	开入38	开入48	备用
光耦电源失电	G05网络断链	G05配置错误	遥控分闸	C相合位	隔刀73合位	开入29	开入39	开入49	备用
控制回路断链	G06网络断链	G06配置错误	遥控合闸	C相分位	隔刀73分位	开入30	开入40	开入50	备用
跳闸压力低	G07网络断链	G07配置错误	手合开入	另一端闭置	隔刀74合位	开入31	开入41	备用	备用
重合压力低	G08网络断链	G08配置错误	手跳开入	另一端告警	隔刀74分位	开入32	开入42	备用	备用
合闸压力低	G09网络断链	G09配置错误	直跳开入	另一端闭锁	隔刀71合位	开入33	开入43	备用	备用
操作压力低	G10网络断链	G10配置错误	信号复归	就地控制	隔刀71分位	开入34	开入44	备用	备用

NARI 国电南瑞科技股份有限公司

图 2-5 NSR-385AG 型断路器智能终端

（五）南瑞继保 PCS-222B

PCS-222B 是全面支持数字化变电站的智能终端设备，适用于 220kV 及以上双重化配置的场合，如图 2-6 所示。装置具有一组分相跳闸回路和一组分相合闸回路，以及 4 把隔离开关、4 把接地开关的分合出口，支持基于 IEC 61850 的 GOOSE 通信协议，具有最多 15 个独立的光纤 GOOSE 口，满足 GOOSE 点对点直跳的需求。该装置具有以下功能：

（1）断路器操作功能：一套分相的断路器跳闸回路，一套分相的断路器合闸回路；支持保护的分相跳闸、三跳、重合闸等 GOOSE 命令；支持测控的遥控分、遥合等 GOOSE 命令；具有电流保持功能；具有压力监视及闭锁功能；具有跳合闸回路监视功能；各种位置和状态信号的合成功能。

（2）开入开出功能：配置有 80 路开入，39 路开出，还可以根据需要灵活增加。

（3）可以完成断路器、隔离开关、接地开关的控制和信号采集。

（4）支持联锁命令输出。

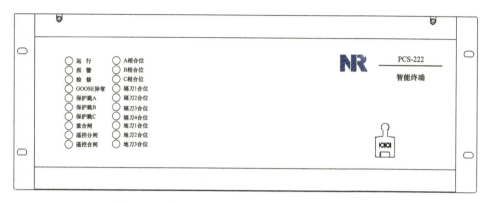

图2-6　南瑞继保PCS-222B型断路器智能终端

（六）北京四方CSD-601A

CSD-601A型智能终端应用于智能变电站的过程层，如图2-7所示，该装置具备以下功能：

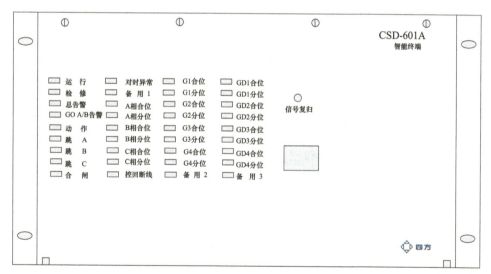

图2-7　北京四方CSD-601A型断路器智能终端

（1）可通过开入采集多种类型输入，如状态输入（重要信号可双位置输入）、告警输入、事件顺序记录（SOE）、主变压器分接头输入等。

（2）可接收保护装置下发的跳闸、重合闸命令，完成保护跳合闸。

（3）可接收测控装置转发的主站遥控命令，完成对断路器及相关隔离开关的控制。

（4）可采集多种直流量，如 DC 0V～5V、DC 4mA～20mA，完成柜体温度、湿度、主变压器温度的采集上送。

习 题

1. 影响合并单元的主要技术指标是什么？
2. 智能终端操作功能替代了传统断路器的操作箱功能，包含哪些？
3. 以太网交换机的主要功能包括哪些？请列出不少于 5 点功能。
4. 合并单元、智能终端等过程层设备一般采用何种对时方式？
5. 北京四方 CSD-601A 型智能终端可采集哪些类型的直流量？

第三节　间隔层装置的原理及功能

学习目标

1. 掌握测控装置的原理及功能。
2. 了解常见的测控装置型号及特点。

知 识 点

　　智能变电站间隔层设备包括保护装置、测控装置、故障录波器、网络记录分析仪等。其中，实现智能变电站自动化监控系统控制和测量功能的主要装置就是测控装置。本节主要介绍测控装置的原理和功能、常见的测控装置型号及其特点、测控装置的定值设置及配置下装，帮助变电站自动化检修人员快速了解、熟悉智能变电站所采用的测控装置，提升变电站自动化检修人员对智能变电站间隔层装置问题的处置能力。

一、测控装置的原理及功能

　　测控装置属于间隔层设备，负责采集变电站中各种表征电力系统运行状态、站内设备运行状态的实时信息，并根据需要将有关信息传输给其他间隔层设备和站控层设备，接收站控层设备的控制命令，并执行相应的操作，即实现遥测、遥信、遥控、遥调等"四遥"功能。

不同于常规变电站内测控装置直接采集电压、电流、常规光耦遥信采集、常规遥控节点输出，智能站测控装置支持 SV 数字采样和 GOOSE 发布/订阅，主要通过过程层交换机与合并单元、智能终端进行数据传输和遥控控制，在提高数据采集与传输能力的同时，大大减少了测控装置的电气二次回路。

智能变电站测控装置应具备以下功能：

1. 模拟量采集功能

通过组网方式接收合并单元发送的 SV 报文并进行处理，计算相电压、线电压、零序电压、电流有效值，计算有功功率、无功功率、功率因数、频率等电气量；采用 DL/T 860.92《变电站通信网络和系统　第 9-2 部分：特定通信服务映射（SCSM）通过 ISO/IEC 8802-3 的采样》采集交流电气量时应具备 DL/T 860.92 规定的采样值报文品质及异常处理功能；具备零值死区设置功能，当测量值在该死区范围内时为零，死区通过装置参数方式整定；具备变化死区设置功能，当测量值变化超过该死区时上送该值等。

2. 状态量采集功能

状态量输入信号应支持 GOOSE 报文或硬接点信号，GOOSE 报文应符合 DL/T 860.81《变电站通信网络和系统　第 8-1 部分：特定通信服务映射（SCSM）映射到制造报文规范 MMS（IS O9506-1 和 ISO 9506-2）和 ISO 8802-3 的映射》的要求；状态量输入信号为硬接点时，输入回路应采用光电隔离，应具备软硬件防抖功能，且防抖时间可整定；具备事件顺序记录（SOE）功能，状态量输入信号为硬接点时，状态量的时标由本装置标注，时标标注为消抖前沿；遥信数据应带品质位；支持状态量取代服务；具备双位置信号输入功能，应能采集断路器的分相合、分位置和总合、总分位置等。

3. GOOSE 模拟量采集功能

具备接收 GOOSE 模拟量信息并原值上送功能；具备变化死区设置功能，当测量值变化超过该死区时上送该值；具备有效、取代、检修等品质上送功能等。

4. 控制功能

控制对象包括断路器、隔离开关、接地开关的分合闸，复归信号，变压器挡位调节，装置自身软压板等。其中，控制信号既包含 GOOSE 报文输出，也可包含硬接点输出；断路器、隔离开关的分合闸应采用选择、返校、执行方式；具备主变压器挡位升、降、急停调节功能，调节方式应采用选择、返校、执行方式；具备控制命令校核、逻辑闭锁及强制解锁功能；具备设置远方、就地控制方式功能，远方、就地切换采用硬件方式，不应通过软压板方式进行切换，不判断 GOOSE 上送的远方、就地信号；控制脉冲宽度应可调；具备远方控制软压板投退功能，软压板控制应采用选择、返校、执行方式；具备生成控制操作记录功能，记录内容应包含命令来源、操作时间、操作结果、失败原因等。

5. 同期功能

测控装置对断路器的控制应具备检同期合闸功能，满足以下要求：具备自动捕捉同期点功能，同期导前时间可设置；具备电压差、相角差、频率差和滑差闭锁功能，阈值可设定；具备相位、幅值补偿功能；具备电压、频率越限闭锁功能；具备有压、无压判断功能，有压、无压阈值可设定；具备检同期、检无压、强制合闸方式，收到对应的合闸命令后不能自动转换合闸方式；具备 TV 断线检测及告警功能，可通过定值投退 TV 断线闭锁检同期合闸和检无压功能。TV 断线告警与复归时间统一为 10s，TV 断线闭锁同期产生的同期失败告警展宽 2s；具备手动合闸同期判别功能，应具备手动同期合 GOOSE 开入，应具备独立的手合同期的输出接点；手合同期应判断两侧均有压，且同期条件满足，不允许采用手合检无压控制方式；基于 DL/T 860 的同期模型应按照检同期、检无压、强制合闸应分别建立不同实例的 CSWI，不采用 CSWI 中 Check（检测参数）的 Sync（同期标志）位区分同期合与强制合，同期合闸方式的切换通过关联不同实例的 CSWI 实现，不采用软压板方式进行切换；采用 DL/T 860.92 规范的采样值输入时，合并单元采样值置无效位时应闭锁同期功能，应判断本间隔电压及抽取侧电压无效品质，在 TV 断线闭锁同期投入情况下还应判断电流无效品质；合并单元采样值置检修位而测控装置未置检修位时应闭锁同期功能，应判断本间隔电压及抽取侧电压检修状态，在 TV 断线闭锁同期投入情况下还应判断电流检修状态。采用常规交流采样插件采集交流电气量时，母线电压切换由外部切换箱实现，装置不进行电压切换。采用 DL/T 860.92 规范的采样值输入时，电压切换由合并单元实现。同期信息菜单中的电压频率名称应可配置，压差、角差、频差应带符号显示。

6. 防误逻辑闭锁功能

测控装置应实现本间隔闭锁和跨间隔联闭锁，满足以下要求：具备存储防误闭锁逻辑功能，该规则和站控层防误闭锁逻辑规则一致；具备采集一、二次设备状态信号、动作信号和遥测量，并通过站控层网络采用 GOOSE 服务发送和接收相关的联闭锁信号功能；具备根据采集和通过网络接收的信号，进行防误闭锁逻辑判别功能，闭锁信号由测控装置通过过程层 GOOSE 报文输出；具备联锁、解锁切换功能，联锁、解锁切换采用硬件方式，不判断 GOOSE 上送的联锁、解锁信号；联锁状态下，装置进行的控制操作必须满足防误闭锁条件；

间隔间传输的联闭锁 GOOSE 报文应带品质传输，联闭锁信息的品质统一由接收端判断处理，品质无效时应判断逻辑校验不通过；当间隔间由于网络中断、报文无效等原因不能有效获取相关信息时，应判断逻辑校验不通过；当相关间隔装置为检修状态且本间隔装置为非检修状态时，应判断逻辑校验不通过；本间隔装置为检修状态时，无论相关间隔装置是否为检修状态均正常参与逻辑计算；具备显示和上送防误判断结果功能；测控装置应能使用监控系统导出的五防规则文件作为间隔层防误规则，五防规则文件满足 DL/T 1404—2015《变电站监控系统防止电气误操作技术规范》要求。

7. 记录存储功能

具备存储 SOE 记录、操作记录、告警记录及运行日志功能；装置掉电时，存储信息不丢失；装置存储每种记录的条数不应少于 256 条。

8. 通信功能

具备站控层网络及过程层网络双网冗余设计，且在双网切换时无数据丢失；与站控层通信应遵循 DL/T 860 的要求；站控层双网应采用冷备用方式，A 网使能装置报告控制块后，A 网断链切换至 B 网应使能相同的报告控制块，监控系统通过记录 EntryID 确保带缓存的报告不丢失；装置应能缓存不少于 64 条带缓存报告；与过程层通信应采用百兆光纤以太网接口，通信协议应遵循 DL/T 860 的要求，根据实际情况采用优先级设置、VLAN 划分等技术优化过程层网络通信；应具备网络风暴抑制功能，站控层网络接口在线速 30M 的广播流量下工作正常，过程层网络接口在线速 50M 的非订阅 GOOSE 报文流量下工作正常。

9. 对时功能

支持接收 IRIG-B 时间同步信号；具备同步对时状态指示标识，且具有对时信号可用性识别的能力；应支持基于 NTP 协议实现时间同步管理功能；应支持基于 GOOSE 协议实现过程层设备时间同步管理功能；应支持时间同步管理状态自检信息主动上送功能；

10. 运行状态监测管理功能

具备硬件置检修状态功能；具备自检功能，自检信息包括装置异常信号、装置电源故障信息、通信异常等，自检信息能够浏览和上传；具备提供设备基本信息功能，包括装置的软件版本号、校验码等；应具备间隔主接线图显示和控制功能，宜使用站控层下发的 CIM-G 格式间隔图形文件；应支持装置遥测参数、同期参数的远方配置；应实时监视装置内部温度、内部电源电压、过程层光口功率监视等，并主动上送诊断数据；应具备参数配置文件、模型配置文件导出备份功能，支持配置文件的离线验证，支持装置同型号插件的直接升级与更换；宜具备 TA 断线检测功能，TA 断线判断逻辑应为：电流任一相小于 $0.5\%I_n$，且负序电流及零序电流大于 $10\%I_n$；宜具备零序电压越限告警功能，越限定值可设置。

二、常见的测控装置型号及特点

目前，智能变电站常见的测控装置有南瑞科技 NS3560、南瑞继保 PCS-9705、北京四方 CSI-200EA/E 等。

（一）南瑞科技 NS3560

南瑞科技 NS3560 综合测控装置是适用于 $110\sim750kV$ 电压等级的变电站内线路、母线或主变压器为监控对象的智能测控装置。装置能够实现本间隔的测控功能，如交流采样、状态信号采集、同期操作、隔离开关控制、全站防误闭锁等功能。装置既支持模拟量采样，又支持数字采样。数字量输入接口协议为 IEC 61850-9-2，接口数量满足与多个 MU 直接连接的需要。装置跳合闸命令和其他信号输出，既支持传统硬接点方式，也支持 Goose 输出方式。南瑞科技 NS3560 综合测控装置面板如图 2-8 所示。

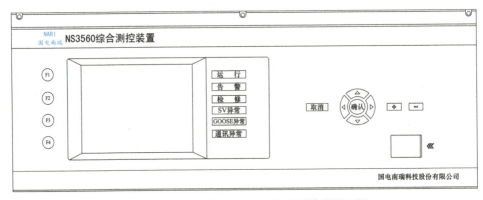

图 2-8　南瑞科技 NS3560 综合测控装置面板

该装置的硬件配置及功能主要包括：

1. CPU 插件

装置核心部分，由高性能的中央处理器（CPU）和数字信号处理器（DSP）组成，CPU 实现装置的通用元件和人机界面及后台通信功能，DSP 完成所有的测控算法和逻辑功能。装置采样率为每周波 64 点，在每个采样点对所有测控算法和逻辑进行并行实时计算，使得装置具有很高的精度和固有可靠性及安全性。

2. 开入（BI）插件

实现开入遥信的采集。

3. 开入开出（BIO）插件

实现开入遥信采集和两个遥控节点的开出。

4. 过程层接口插件

由高性能的中央处理器（CPU）实现装置同合并单元、智能终端光以太网接口通信，完成 SV 采样数据接收，Goose 信号的输入/输出功能。该插件支持点对点传输和网络传输，可灵活配置为 SV、Goose 共网或分网。

5. 电源（POWER）插件

从直流屏来的 220V 直流电源应分别与测控装置电源插件的 04 端子（DC+）和 05 端子（DC−）相连接，实现对装置其他插件及元件的供电。

（二）南瑞继保 PCS-9705

南瑞继保 PCS-9705A-D-H2 为单间隔智能站测控，支持 SV 数字采样和GOOSE 发布/订阅，同时支持常规光耦遥信采集、常规遥控节点输出，主要适用于智能站单间隔数据和信号的测量与控制。南瑞继保 PCS-9705 装置面板如图 2-9 所示。

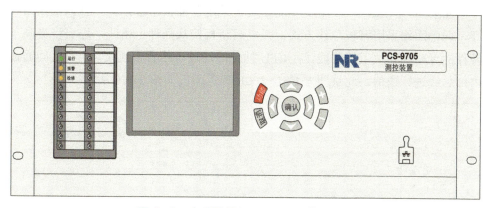

图 2-9　南瑞继保 PCS-9705 装置面板

该装置的硬件配置及功能主要包括：

1. CPU 插件

完成采样、逻辑的运算以及装置的管理功能，包括事件记录、录波、打印、定值管理等功能。

2. 光耦输入（BI）插件

提供经由 220 V（或 110V/48V/24V 等）光耦的开关量输入功能。

3. 开关量输出（BO）插件

提供跳闸用或联锁用开关量输出插件，以空节点形式输出。细分为 A/B 型号，分别用于出口和联锁输出。A 型用于传统回路跳闸，每路接点可以单独控制，并经过启动正电源闭锁。B 型用于可逻辑编程的联闭锁输出，每路接点可以单独控制，不经过启动正电源闭锁。

4. 电源（PWR）插件

将 250/220V/125/110V 直流变换成装置内部需要的电压，还包含远方信号、中央信号和事件记录和异常信号等各类信号接点。

5. 人机接口（HMI）插件

由液晶、键键盘、信号指示灯和调试串口组成，方便用户与装置间进行人机对话。

6. SV/GOOSE 插件

由高性能的数字信号处理器、6 路百兆 LC 光纤以太网（最多 8 路）及其他外设组成。插件支持 GOOSE 功能、IEC 61850-9-2 规约，支持 IRIG-B 光纤对时输入。完成从合并单元接收数据、发送 GOOSE 命令给智能操作箱等功能。

（三）北京四方 CSI-200EA/E

北京四方 CSI-200EA/E 型测控装置采用前插拔组合结构，强弱电回路分开，弱电回路采用背板总线方式，强电回路直接从插件上出线，进一步提高了硬件的可靠性和抗干扰性能。各 CPU 插件间通过母线背板连接，相互之间通过内部总线进行通信。北京四方 CSI-200E 装置面板如图 2-10 所示。

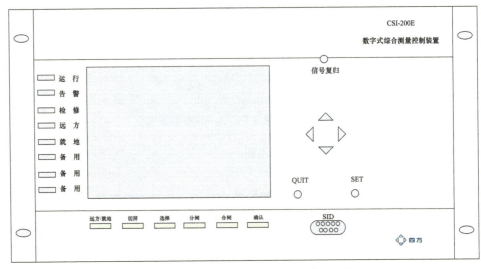

图 2-10　北京四方 CSI-200E 装置面板

该装置的硬件配置及功能主要包括：

1. 管理（MASTER）插件

此插件是装置的必备插件，本插件与 MMI 板之间通过串口连接，向上将需要显示的数据给 MMI 插件，向下接收 PC 机下发的装置配置表及可编程 PLC 逻辑等。

2. SV 插件

SV 插件提供三组光以太网接口连接合并单元装置或者 SV 网交换机，接收 SV 采样数据。装置能够接入符合 IEC 61850−9−2 规约的 SV 报文，采样频率须为 4000 点/s。同时计算电压有效值、电流有效值、有功、无功、频率、功率因数等上传管理插件。

3. GOOSE 插件

GOOSE 插件完成 GOOSE 信息映射功能，包括 GOOSE 发布和订阅，提供光以太网接口与智能操作箱或 GOOSE 网交换机连接，用于遥信量的采集，包括断路器、隔离开关的位置信息、操作箱及保护装置的告警信息等，也用于主站遥控断路器、隔离开关及复归操作箱等。

4. 开入（DI）插件

常规开入模块的功能为 4 组公共端独立的开入共 24 路，各组数量依次为 8.4.8.4。数字量输入模块的功能为断路器遥信量输入（单位置或双位置遥信）、BCD 码或二进制输入、脉冲量输入等。

5. 电源（POWER）插件

为直流逆变电源插件。直流 220V 或 110V 电压输入经抗干扰滤波回路后，利用逆变原理输出本装置需要的直流电压即 5V、±12V、24V（1）和 24V（2）。四组电压均不共地，采用浮地方式，同外壳不相连。

习 题

1. 测控装置的自检信息包括哪些？

2. 南瑞继保 PCS−9705 智能站测控装置的同期定值包括哪些？请至少列出 5 点。

3. 断路器、隔离开关及主变挡位的遥控分别应采用什么方式？

4. 南瑞继保 PCS−9705 智能站测控装置的同期电压类型 1～6 分别表示什么？

5. 智能变电站测控装置的对时功能包括哪些？

第四节 站控层装置的原理及功能介绍

学习目标

1. 掌握数据通信网关机的原理及功能。
2. 了解常见的数据通信网关机型号及特点。

知识点

智能变电站站控层设备包括监控主机、数据通信网关机、数据服务器、综合应用服务器、操作员站、工程师工作站等。其中，监控主机主要实现变电站站内对设备的监控，已在本章第一节进行较为详细的介绍，而数据通信网关机则主要实现调度主站对站内设备的监控。本节主要介绍数据通信网关机的原理和功能、常见的数据通信网关机型号及其特点以及数据通信网关机的主要配置内容，帮助变电站自动化检修人员快速了解、熟悉智能变电站所采用的数据通信网关机，提升变电站自动化检修人员对智能变电站站控层装置问题的处置能力。

一、数据通信网关机的原理及功能

数据通信网关机是一种通信装置。实现智能变电站与调度、生产等主站系统之间的通信，为主站系统实现智能变电站监视控制、信息查询和远程浏览等功能提供数据、模型和图形的传输服务。

智能变电站数据通信网关机应具备以下功能。

1. 数据采集

数据采集应满足以下要求：

（1）实现电网运行的稳态及保护录波等数据的采集。

（2）实现一次设备、二次设备和辅助设备等运行状态数据的采集。

（3）直采数据的时标应取自数据源，数据源未带时标时，采用数据通信网关机接收到数据的时间作为时标。

（4）遵循 DL/T 860 的要求，根据业务数据重要性与实时性要求，支持设置间隔层设备运行数据的周期性上送、数据变化上送、品质变化上送及总召等方式。

（5）支持站控层双网冗余连接方式，冗余连接应使用同一个报告实例号。

2. 数据处理

数据处理应支持逻辑运算与算术运算功能，支持时标和品质的运算处理、通信中断品质处理功能，应满足以下要求：

（1）支持遥信信息的与、或、非等运算。

（2）支持遥测信息的加、减、乘、除等运算。

（3）计算模式支持周期和触发两种方式。

（4）运算的数据源可重复使用，运算结果可作为其他运算的数据源。

（5）合成信号的时标为触发变化的信息点所带的时标。

（6）断路器、隔离开关位置类双点遥信参与合成计算时，参与量有不定态（00 或 11）则合成结果为不定态。

（7）具备将 DL/T 860 品质转换成 DL/T 634.5104 规约品质。

（8）合成信号的品质按照输入信号品质进行处理。

（9）初始化阶段间隔层装置通信中断，应将该装置直采的数据点品质置为 invalid（无效）。

（10）当与间隔层装置通信由正常到中断后，该间隔层装置直采数据的品质应在中断前品质基础上置上 questionable（可疑）位，通信恢复后，应对该装置进行全总召。

（11）事故总触发采用"或"逻辑，支持自动延时复归与触发复归两种方式，自动延时复归时间可配置。

（12）支持远动配置描述信息导入/导出功能。

（13）装置开机/重启时，应在完成站内数据初始化后，方可响应主站链接请求，应能正确判断并处理间隔层设备的通信中断或异常。

3. 数据远传

数据远传要求如下：

（1）应支持向主站传输站内调控实时数据、保护信息、一/二次设备状态监测信息、图模信息、转发点表等各类数据。

（2）应支持周期、突变或者响应总召的方式上送主站。

（3）应支持同一网口同时建立不少于 32 个主站通信链接，支持多通道分别状态监视。

（4）应支持与不同主站通信时实时转发库的独立性。

（5）对于 DL/T 634.5104 服务端同一端口号，当同一 IP 地址的客户端发起新的链接请求时，应能正确关闭原有链路，释放相关 Socket 链接资源，重新响应新的链接请求。

（6）对未配置的主站 IP 地址发来的链路请求应拒绝响应。

（7）应支持断路器、隔离开关等位置信息的单点遥信和双点遥信上送，双点遥信上送时应能正确反映位置不定状态。

（8）数据通信网关机重启后，不上送间隔层设备缓存的历史信息。

4. 控制功能

（1）远方控制。远方控制功能要求如下：

1）应支持主站遥控、遥调和设点、定值操作等远方控制，实现断路器和隔离开关分合闸、保护信号复归、软压板投退、变压器挡位调节、保护定值区切换、保护定值修改等功能。

2）应支持单点遥控、双点遥控等遥控类型，支持直接遥控、选择遥控等遥控方式。

3）同一时间应只支持一个遥控操作任务，对另外的操作指令应作失败应答。

4）装置重启、复归和切换时，不应重发、误发控制命令。

5）对于来自调控主站遥控操作，应将其下发的遥控选择命令转发至相应间隔层设备，返回确认信息源应来自该间隔层 IED 装置。

6）应具备远方控制操作全过程的日志记录功能。

7）应具备远方控制报文全过程记录功能。

8）应支持远方顺序控制操作。

（2）顺序控制。远方顺序控制应满足以下要求：

1）具备远方顺序控制命令转发、操作票调阅传输及异常信息传输功能。

2）遵循电力系统顺序控制接口技术规范的要求。

5. 时间同步

时间同步功能包括对时功能与时间同步状态在线监测功能要求如下：

1）应能够接受主站端和变电站内的授时信号。

2）应支持 IRIG-B 码或 SNTP 对时方式。

3）对时方式应能设置优先级，优先采用站内时钟源。

4）应具备守时功能。

5）应能正确处理闰秒时间。

6）应支持时间同步在线监测功能，支持基于 NTP 协议实现时间同步管理功能。

7）应支持时间同步管理状态自检信息输出功能，自检信息应包括对时信号状态、对时服务状态和时间跳变侦测状态。

6. 告警直传

告警直传要求如下：

（1）应能将监控系统的告警信息采用告警直传的方式上送主站。

（2）应满足 Q/GDW 11207《电力系统告警直传技术规范》要求。

7. 远程浏览

远程浏览要求如下：

（1）应能将监控系统的画面通过通信转发方式上送主站。

（2）宜支持历史曲线调阅。

（3）应满足 Q/GDW 11208《电力系统远程浏览技术规范》要求。

8. 源端维护

源端维护功能要求如下：

（1）应支持主站召唤变电站 CIM/G 图形、CIM/E 电网模型、远动配置描述文件等源端维护文件。

（2）应支持主站下装远动配置描述文件。

（3）应能实现变电站图形、模型、远动配置描述文件等源端维护文件之间的信息映射。

9. 冗余管理

两台数据通信网关机与主站通信连接时，冗余管理要求如下：

（1）应支持双主机工作模式和主备机热备工作模式。

（2）主备机热备工作模式运行时应具备双机数据同步措施，保证上送主站数据不漏发，主站已确认的数据不重发。

二、常见的数据通信网关机型号及特点

目前，智能变电站常见的数据通信网关机有南瑞科技 NSS201A、南瑞继保 PCS-9799C、北京四方 CSC-1321 等。

（一）南瑞科技 NSS201A

NS3000S 是一体化设计思路，NSS201A 远动机运行的系统软件是 NS3000S 的一种运行方式之一。在文件 sys/nsstate.ini 文件中 RunState 确定了机器的运行方式，对应关系如下：① 监控后台；② 远动机；③ 保信子站；④ 规转机。由于 NS3000S 的远动机是信息一体化平台的一部分，本身就可以作为监控后台使用。因此，其数据库可以通过 scd 文件解析生成。但为了调试的便利，使得远动的数据库和监控后台的数据保持一致，是明智的做法。后台数据库做了相

关修改时，也应同时手动将数据同步到远动机。

（二）南瑞继保 PCS-9799C

南瑞继保 PCS-9799C 数据通信网关机采用南瑞继保自主研发 UAPC 硬件平台，集成了嵌入式 Linux 操作系统和 mysql 数据库，能够实现常规远动、保信等功能。PCS-9799C 数据通信网关机装置面板如图 2-11 所示。

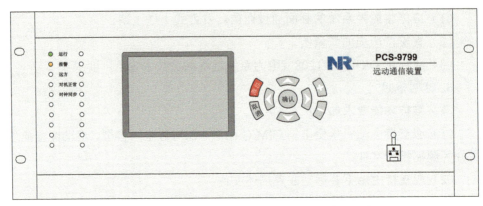

图 2-11　PCS-9799C 数据通信网关机装置面板

该装置的硬件配置及功能主要包括：

1. MON（CPU 板）

装置最多可配置 4 块 MON 板，分别位于插槽 01.03.05.07。MON 板根据内存大小、存储空间、网口个数有 11 种可选插件，常用的有两种：① PCS-9799C 远动机标配 6 个网口+2G 内存+4G SSD 卡，板号 NR1108C；② PCS-9798A 保信子站标配 64G 硬盘，板号 NR1108CD。

2. I/O（开入开出板）

I/O 板位于槽号 12，提供 4 路开出和 13 路开入。标配板号 NR1525D，开入电源为 DC24V，来自 PWR 电源板的端子 10.11。开入电源为 DC220V 的板号为 NR1525A。

3. COM 和 MDM（串口板）

插槽号 13.14.15 用来配置 COM 板（串口通信板，板号 NR1224A）或 MDM 板（调度通道板，板号 NR1225A、NR1225B）。每块插件有 5 个通信口，组态中串口号从插槽 13 开始排序，也即插件 13 是串口 1-5，插件 14 是串口 6-10，插件 15 是串口 11-15。

4. PWR（电源板）

PWR 电源插件的槽号为 P1，标配 DC110V/220V 自适应，板号 NR1301A。

输入电源额定电压为 AC220V 时可使用 NR1301F 插件（与 NR1301A 端子定义相同）。需要使用双电源时，槽号 P1 位置选用插件 NR1301E，槽号 10 选用 NR1301K。

（三）北京四方 CSC-1321

北京四方 CSC-1321 数据通信网关机采用多 CPU 插件式结构，后插拔式，单台装置最多支持十二个插件，插件之间采用内部网络通信，内部网络采用 10M 以太网为主、CAN 总线为辅的形式。CSC1321 采用功能模块化设计思想，由不同插件来完成不同的功能，组合实现装置所需功能。主要功能插件有主 CPU 插件、通信插件（以太网插件、串口插件）、辅助插件（开入开出插件、对时插件、级联插件、电源插件和人机接口组件）。

CSC1321 所有插件插入前背板，以前背板为交换机，组成内部通信网络。前背板上有一个 RJ45 接口，可通过该接口以内网 IP 访问每块插件，插件之间通过内部以太网通信，内部 IP 地址为 192.188.234.X，X 为插件所在插槽位置编号，通过插件上的拨码设定。

习 题

1. 数据通信网关机安全分区数据采集的要求是什么？
2. 数据通信网关机数据远传要求是什么？
3. 告警直传和远程浏览的要求是什么？
4. 数据通信网关机时间同步功能包括哪些？
5. 什么是数据通信网关机？

第五节 典型故障分析及处理思路

学习目标

1. 掌握智能变电站监控系统通信类故障分析能力及处理思路。
2. 掌握智能变电站监控系统装置类故障分析能力及处理思路。
3. 掌握智能变电站监控系统遥测类故障分析能力及处理思路。
4. 掌握智能变电站监控系统遥信类故障分析能力及处理思路。

5. 掌握智能变电站监控系统遥控类故障分析能力及处理思路。

6. 掌握智能变电站远动故障分析能力及处理思路。

知识点

智能变电站监控系统典型故障主要分为通信类故障、装置类故障、遥测类故障、遥信类故障、遥控类故障及远动类故障等。本节通过描述典型故障的故障现象，介绍可能产生的原因及处理方法，提升厂站二次检修人员处理问题的能力。

一、通信类故障

通信类故障主要是指装置与装置之间通信异常现象，包括站控层设备与间隔层设备之间、间隔层设备之间的通信故障、过程层设备与间隔层设备之间以及过程层设备之间的通信故障。

（一）站控层设备与间隔层设备之间通信故障

站控层设备与间隔层设备之间通信故障主要是指测控装置、保护装置等间隔层设备与数据通信网关机或监控主机通信中断。根据通信中断的范围，可以判断故障范围。

（1）间隔层单台装置与数据通信网关机和监控主机均中断，可以判断故障范围可能在间隔层单装置、装置至站控层交换机之间的网线、站控层交换机对应网口等。通过逐一检查装置通信配置、装置网口状态、网线状态、交换机网口等可找到故障点。

（2）间隔层多台装置与数据通信网关机和监控主机均中断，可以判断故障范围在间隔层交换机的可能性较大，通过检查连接对应通信中断装置的交换机电源、配置、网口等可排查出故障点。

（3）部分间隔层装置（单台或多台）与监控主机通信中断，而与数据通信网关机通信正常，可以判断故障范围在监控主机软件配置的可能性较大，通过检查监控主机内部通信配置可找到故障点。

（4）部分间隔层装置（单台或多台）与数据通信网关机通信中断，而与监控主机通信正常，可以判断故障范围在数据通信网关机及该装置软件配置上的可能性较大，通过检查数据通信网关机及该装置内部通信配置可排查出故障点。

（5）监控主机与间隔层所有装置的通信均中断，而数据通信网关机与所有间隔层装置通信均正常，除需检查监控主机软件配置之外，还需检查监控主机与站控层主交换机之间的网线、监控主机网口、交换机网口等。

（6）数据通信网关机与间隔层所有装置的通信均中断，而监控主机与所有间隔层装置通信均正常，除需检查数据通信网关机软件配置之外，还需检查数据通信网关机与站控层主交换机之间的网线、监控主机网口、交换机网口等。

（二）间隔层设备之间的通信故障

间隔层设备之间的通信内容主要是跨间隔之间的联锁信息，是通过站控层网络传输 GOOSE 信息。因此，间隔层设备之间的通信故障主要表现为测控装置发站控层 GOOSE 断链、装置告警等。除检查网线、网口、交换机等硬件设备是否正常之外，还需要进一步检查联锁文件是否正确下装到对应装置，装置之间联锁文件否统一。

（三）过程层设备与间隔层设备之间通信故障

过程层设备与间隔层设备之间通信故障主要表现为装置发出的 SV 断链、GOOSE 断链信号。首先根据断链信号检查对应合并单元或智能终端是否故障，再查找对应链路光纤是否连接正确，是否存在收发光纤接反的情况。其次检查交换机端口、VLAN 等相关配置是否正确。最后检查装置下装文件是否正确，是否存在虚端子不正确的情况。

（四）过程层设备之间的通信故障

过程层设备之间的通信信息主要是母线合并单元与间隔合并单元之间的级联电压、合并单元取智能终端所采隔离开关位置，以及合并单元发送给智能终端的告警信息等。过程层设备之间通信故障主要也表现为装置发出的 SV 断链、GOOSE 断链信号，因此此类故障的排查方法与过程层设备与间隔层设备之间通信故障的排查方法一致。

二、装置类故障

装置类故障包括软件类故障和硬件类故障。软件故障包括监控系统无法启动、监控系统无法操作等；硬件类故障主要是指装置无法开机启动、装置板卡故障报警等。

（一）监控系统无法启动

监控系统无法启动是指监控主机操作系统可正常运行，但监控系统无法正常运行。常见的原因主要有监控主机名错误、登录账户错误、监控主机网卡异常、监控主机 IP 地址配置异常、监控系统文件被篡改等。

（1）监控主机的机器名被篡改：例如南瑞继保监控主机一的机器名为 scada1，北京四方监控主机一的机器名为 SCADA1，南瑞科技监控主机一的机器名为 main1，若机器名被篡改，监控系统也无法正常启动。

（2）使用错误账户登录监控主机：南瑞继保监控系统使用 EMS 用户登录、北京四方使用 App 用户登录、南瑞科技使用 nari 用户登录，若使用其他账户登录，则会造成无法找到启动图标、输入启动监控系统指令无效等问题。

（3）监控主机网卡被取消激活：通过 ifconfig 指令查看网卡状态，确认监控主机网卡为激活状态。

（4）监控主机网卡 IP 与监控系统设置的主机 IP 不一致：通过 setup 查看监控主机网卡 IP，并与监控系统设置的主机 IP 进行对比，确认 IP 地址是否正确。

（5）监控系统文件夹被移动、修改或删除：监控系统重要的系统文件及文件夹的存放路径是固定的，若存放路径被修改或文件夹名被修改，会造成监控系统无法正确启动相关进程。

（二）监控系统无法正常操作

监控系统无法正常操作是指监控系统可正常启动，但对监控系统的相关数据库、图形等编辑提示无权限、遥控等操作时提示无权限。主要原因是未正确配置用户权限、未使用具备相关权限的用户登录系统等。

（1）未正确配置用户权限：新增用户用于系统维护时，未设置用户修改数据库和编辑图形的权限，就会造成使用该用户进行数据库修改或图形修改时提示无权限。

（2）进行相关操作时未使用正确的用户名登录系统：进行数据库、图形编辑应使用系统维护员等具备监控系统编辑权限的用户登录，进行遥控等操作时应使用操作员等具备遥控操作等权限的用户登录。

（3）故障现象：测控、合并单元、智能终端等装置无法正常启动。

1）装置电源无电或虚接：通过万用表测量装置电源线正负极之间的电位差是否正常，包括电源电缆端子排处、装置电源空开上下口处、装置电源板背板接线端子处等。

2）装置 goose.txt、sv.txt、CID、联闭锁等配置文件异常：下装了错误的配置文件造成装置启动过程中读取文件失败。

3）装置参数设置错误：装置参数设置与硬件不一致，造成装置启动过程中软件与硬件不匹配。

（4）故障现象：后台告警窗无信号。

1）alarm 等关键进程被人为关闭或进程运行异常自动退出：通过进程管理器检查相关进行是否正常运行。

2）单装置无告警信号：装置检修压板投入，装置告警信号被人为封锁等。

三、遥测类故障

遥测类故障主要表现为遥测数据显示异常，通常采用分段分析的方法，分别检查、对比合并单元、测控装置、监控主机数据库/数据通信网关机数据库、监控主机画面显示等处的遥测数据，判断故障点。遥测类故障包括合并单元遥测数据异常、测控装置遥测数据异常、监控系统遥测数据异常、调度主站遥测数据异常等。

（一）合并单元遥测数据异常

合并单元遥测数据异常包括数据不刷新、数据变化与实际不一致等。

（1）数据不刷新的原因主要是由于遥测量未正确进入合并单元完成采样，例如电压回路开路、电流回路在进如合并单元前被短接等。

（2）数据变化与实际不一致主要是回路接线错误，与装置内定义通道不一致等。例如电压 U_n 接线虚接、电流回路相与相之间、相与 N 之间存在短接、合并单元内配置文件内通道顺序定义错误。

（二）测控装置遥测数据异常

测控装置遥测数据异常的可能原因有：

（1）合并单元 TA 变比设置不正确。

（2）测控装置零漂抑制或变化量阈值设置过高。

（3）测控装置测量 TA 接线方式设置错误。

（4）测控装置极性设反。

（5）虚端子拉错。

（三）监控系统遥测数据异常

监控系统遥测数据异常包括监控系统数据库内遥测数值与实际不符、画面遥测数据与实际不符、遥测数据品质异常等。

1. 监控系统数据库内遥测数值与实际不符

监控系统数据库内遥测数值与实际不符的原因可能有：

（1）数据库遥测系数非 1，偏移量非 0。

（2）数据库零值死区过大、变化死区过大。

（3）设置了人工置数、数据被封锁。

（4）测控装置设置为二次值上送，而非一次值上送。

（5）厂站属性处理允许被取消、遥测允许标记处理允许被取消、实时库遥测未扫描使能等。

2. 画面遥测数据与实际不符

画面遥测数据与实际不符的原因可能有：

（1）遥测图元设置错误，如显示小数位数错误。

（2）画面关联遥测数据错误或遥测图元未关联数据库。

3. 遥测数据品质异常

遥测数据品质异常的原因可能有：

（1）测控装置置检修，数据带检修标志。

（2）合并单元置检修，数据带检修标志。

（四）调度主站遥测数据异常

调度主站遥测数据异常的原因可能有：

（1）遥测转发点表点号定义与主站不一致。

（2）遥测转发点表遥测点设置了系数、偏移量。

（3）遥测转发点表遥测点设置的零漂死区值或者变化死区值过大。

（4）遥测转发点表遥测点转发类型不是浮点数，且调度主站按照浮点数解析。

（5）104 规约可变信息短浮点遥测上送字节顺序错误，未按照先上送低字节设置。

四、遥信类故障

遥信类故障主要表现为遥信数据显示异常，与遥测类故障类似，通常也采用分段分析的方法，分别检查、对比智能终端、测控装置、监控主机数据库/数据通信网关机数据库、监控主机画面显示等处的遥信数据，判断故障点。遥信类故障包括智能终端遥信数据异常、测控装置遥信数据异常、监控系统遥信数据异常、调度主站遥信数据异常等。

（一）智能终端遥信数据异常

智能终端遥信数据异常主要是指遥信不变化，或者遥信状态与实际相反等，可能的原因有：

（1）遥信接点接错智能终端开入位置。

（2）智能终端防抖时间设置过长。

（3）遥信正电源虚接或者遥信负电源虚接。

（4）智能终端背板未插紧。

（二）测控装置遥信数据异常

测控装置遥信数据异常可能的原因有：

（1）智能终端投检修。

（2）测控装置 GOOSE 接收软压板未投。

（3）SCD 遥信虚端子连接错误。

（4）测控装置设置开入电压等级不为 220V。

（三）监控系统遥信数据异常

监控系统遥信数据异常包括监控系统数据库内遥信数据异常、监控画面遥信显示异常、监控系统告警窗异常等。

（1）数据库内遥信数据异常的原因可能有：数据库遥信设置封锁、厂站处理允许被取消、实时库信号未扫描使能、数据库遥信设置取反等。

（2）监控系统画面遥信显示异常的原因可能有：画面关联定义错误、画面遥信被人工置数、遥信光字图元错误，动作和复归设置为相同颜色等。

（3）监控系统告警窗异常的原因可能有：告警窗口中按厂站或间隔屏蔽设置、智能终端置检修、测控装置置检修等。

（四）调度主站遥信数据异常

调度主站遥信数据异常的原因可能有：

（1）遥信转发点表错误，点位关联错误遥信信号。

（2）遥信转发点表遥信点设置了取反。

（3）遥信转发点表遥信点 COS 及 SOE 设置为无效。

（4）遥信转发点表遥信点设置了 10s 自复归。

（5）遥信转发点表设置了合并信号。

（6）遥信转发表遥信类型错，未按照要求设置为单点遥信或双点遥信。

（7）遥信被人工置数，或按厂站、间隔屏蔽（如：主站挂检修牌）。

五、遥控类故障

遥控类故障主要是遥控选择失败、遥控执行失败、同期遥控合闸失败、调度主站遥控失败等。

（一）遥控选择失败

遥控选择失败的原因可能有：

（1）厂站属性遥控允许取消、后台设置了非操作员站。

（2）后台设置间隔挂牌。

（3）除主画面外，分画面也被设置为禁止遥控。

（4）数据库遥信属性遥控允许被取消。

（5）数据库遥控关联错误或未关联。

（6）后台五防逻辑条件不满足，被逻辑五防闭锁。

（7）遥控调度编号不匹配或遥控返校超时时间设置时间过短，遥控预置超时。

（8）测控装置检修压板投入或测控装置控制逻辑软压板未投、测控装置处于就地状态、测控装置通信中断等。

（二）遥控执行失败

遥控执行失败的原因可能有：

（1）遥控执行超时时间设置时间过短，遥控执行超时。

（2）测控装置出口使能软压板未投。

（3）测控装置遥控脉宽时间整定时间过短。

（4）智能终端远方/就地把手切换在就地位置。

（5）智能终端检修压板投入。

（6）智能终端遥控出口压板未投入。

（7）智能终端开出板件未插好或松动。

（8）遥控虚端子连接错误。

（9）控制回路正、负电源内、外侧线虚接、错位等。

（10）智能终端电源、开出等板件故障。

（三）同期遥控合闸失败

同期遥控合闸失败的原因可能有：

（1）测控装置SV接收软压板未投，造成装置内Ux不参与同期判断。

（2）测控装置同期定值设置不合理，如相别选择与实际接线不一致、Ux相线选择、压差定值、角度定值设置过小等。

（3）合并单元检修压板投入，造成测控装置对遥测数据不处理。

（4）合并单元对时异常。

（5）测控装置电压异常发 TV 断线，闭锁同期操作。

（6）测控装置软压板设置不合理，如同期功能压板、检同期、控制逻辑、压板固定方式等设置错误。

（7）后台数据库中，断路器遥控配置中，关联错误，比如检同期和检无压配置交叉。

（四）调度主站遥控失败

调度主站遥控失败的原因可能有：

（1）遥控转发点表设置错误，遥控点号与主站配置不一致。

（2）控转发表遥控单双点遥控与主站不匹配。

（3）104 规约 RTU 链路地址配置错误。

（4）遥控执行超时时间设置时间过短。

六、远动类故障

远动类故障主要指远动装置自身异常、远动装置对站内设备通信异常、远动装置对主站前置机通信异常等。

（一）远动装置自身异常

通过观察远动装置运行灯、告警灯灯等指示灯判断装置运行状态，再通过液晶面板或调试机检查装置内部告警状态，以判断装置自身异常原因。

（二）远动装置对站内设备通信异常

远动装置对站内设备通信异常的原因可能有：

（1）远动机对下通信网口虚接，或网口接错、A/B 网接反等。

（2）交换机内站控层设置了 VLAN＋端口 VLAN ID，导致远动机与间隔层测控等装置不在同一个 VLAN 组。

（3）远动机对下通信参数配置错误。

（三）远动装置对主站前置机通信异常

远动装置对主站前置机通信异常的原因可能有：

（1）远动装置厂站 IP 地址设置错误。

（2）远动组态内主站前置 IP 地址设置错误。

（3）远动组态内 104 规约模块未启用。

（4）104 厂站服务器端口号 2404 设置错误。

（5）104 规约超时时间 T_1 值小于超时时间 T_2。

（6）104 规约 K、W 值均设不合理，K 值设置比 W 值大。

（7）104 起始地址设置错误，点表内地址比起始地址小，导致装置 104 规约无法启动。

（8）远动装置连接调度数据网的网线虚接，或纵向加密装置策略配置错误。

📝 习　题

1. 请列举不少于 3 种造成测控装置过程层网路 GO/SV 断链的原因。

2. 测控装置遥测数据与实际值相序不符，可能的原因有哪些？请列出不少于 4 点。

3. 调度主站某一点遥信与厂站后台监控系统不一致的原因有哪些？请列出不少于 5 点。

4. 厂站监控后台遥控选择成功，遥控执行失败，可能的原因有哪些？请列出不少于 6 点。

5. 远动装置对主站通信异常，可能的原因有哪些？请列出不少于 5 点。

第三章

调度数据网

第一节　TCP/IP 协议与网络地址划分

学习目标

1. 了解 TCP/IP 协议栈与 OSI 参考模型的区别和联系。
2. 了解 TCP/IP 协议栈各层的功能。
3. 掌握 IP 地址的分类和子网规划。

知识点

本节介绍了 OSI 参考模型、TCP/IP 协议栈和 IP 地址的分类以及规划。通过定义讲解和功能的介绍，了解 OSI 参考模型和 TCP/IP 协议栈各层协议的概念，掌握 IP 地址的分类和子网规划。

一、OSI参考模型

开放系统互连参考模型（open system interconnect，OSI）是国际标准化组织（ISO）和国际电报电话咨询委员会（CCITT）联合制定的开放系统互连参考模型，为开放式互连信息系统提供了一种功能结构的框架。

OSI 参考模型是计算机网络体系结构发展的产物。它的基本内容是开放系统通信功能的分层结构，如图 3-1 所示。这个模型把开放系统的通信功能划分为七个层次，从邻接物理媒体的层次开始，分别赋予 1，2，…，7 层的顺序编号，相应地称之为物理层、数据链路层、网络层、传输层、会话层、表示层和应用层。每一层的功能是独立的。它利用其下一层提供的服务并为其上一层提供服务，而与其他层的具体实现无关。这里所谓的"服务"就是下一层向上一层提供的通信功能和层之间的会话规定，一般用通信原语实现。两个开放系统中的同等层之间的通信规则和约定称为协议。通常把 1～4 层协议称为下层协议，5～7 层协议称为上层协议。

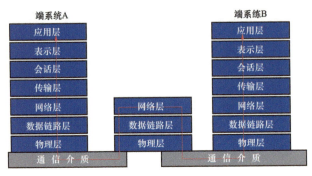

图 3-1 OSI 参考模型

二、TCP/IP协议栈

TCP/IP 协议栈是美国国防部高级研究计划局计算机网（advanced research projects agency network，ARPANET）和其后继因特网使用的参考模型。

TCP/IP 参考模型分为应用层、传输层、网络层和网络接口层四个层次。TCP/IP 参考模型的层次结构如图 3-2 所示。

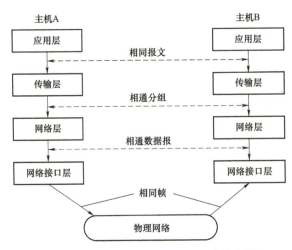

图 3-2 TCP/IP 参考模型的层次结构图

（一）网络接口层

网络接口层与 OSI 模型中的物理层和数据链路层相对应。它负责监视数据在主机和网络之间的交换，通常包括操作系统中的设备驱动程序和计算机中对应的网络接口卡，它们一起处理与电缆（或其他任何传输媒介）的物理接口细节，包括了各种物理网协议，如 Ethernet、令牌环、帧中继、分组交换网 X.25。

（二）网络层

网络层对应与 OSI 参考模型的网络层，是整个 TCP/IP 协议栈的核心。它的功能是把分组发往目标网络或主机，解决主机到主机的通信问题。同时，为了尽快地发送分组，可能需要沿不同的路径同时进行分组传递。因此，分组到达的顺序和发送的顺序可能不同，这就需要上层必须对分组进行排序。

网络层定义了分组格式和协议，即 IP（internet protocol）协议。

网络层除了需要完成路由的功能外，也可以完成将不同类型的网络（异构网）互连的任务。除此之外，网络层还需要完成拥塞控制的功能。

网络层主要包括网络协议（IP）、Internet 控制消息协议（ICMP）、地址解释协议（ARP）、反地址解释协议（RARP）。

（三）传输层

传输层对应于 OSI 参考模型的传输层，功能是使源端主机和目标端主机上的对等实体可以进行会话，保证了数据包的顺序传送及数据的完整性。在传输层定义了两种服务质量不同的协议。即：传输控制协议（transmission control protocol，TCP）和用户数据报协议（user datagram protocol，UDP）。

TCP 协议是一个面向连接的、可靠的协议。它将一台主机发出的字节流无差错地发往互联网上的其他主机。在发送端，它负责把上层传送下来的字节流分成报文段并传递给下层。在接收端，它负责把收到的报文进行重组后递交给上层。TCP 协议还要处理端到端的流量控制，以避免缓慢接收的接收方没有足够的缓冲区接收发送方发送的大量数据。

UDP 协议是一个不可靠的、无连接协议，主要适用于不需要对报文进行排序和流量控制的场合。

（四）应用层

TCP/IP 模型将 OSI 参考模型中的会话层和表示层的功能合并到应用层实现，为用户提供所需要的各种服务。

应用层面向不同的网络应用引入了不同的应用层协议。其中，有基于 TCP

协议的，如文件传输协议（file transfer protocol，FTP）、虚拟终端协议（TELNET）、超文本链接协议（hyper text transfer protocol，HTTP），也有基于 UDP 协议的。

（五）TCP/IP 协议簇

1. IP 协议

即互联网协议（internet protocol），它将多个网络连成一个互联网，可以把高层的数据以多个数据包的形式通过互联网分发出去。IP 的基本任务是通过互联网传送数据包，各个 IP 数据包之间是相互独立的。

2. ICMP 协议

即互联网控制报文协议。从 IP 互联网协议的功能，可以知道 IP 提供的是一种不可靠的无连接报文分组传送服务。若路由器或主机发生故障时网络阻塞，就需要通知发送主机采取相应措施。为了使互联网能报告差错，或提供有关意外情况的信息，在 IP 层加入了一类特殊用途的报文机制，即 ICMP。分组接收方利用 ICMP 来通知 IP 模块发送方，进行必需的修改。ICMP 通常是由发现报文有问题的站产生的，例如可由目的主机或中继路由器来发现问题并产生的 ICMP。如果一个分组不能传送，ICMP 便可以被用来警告分组源，说明有网络，主机或端口不可达。ICMP 也可以用来报告网络阻塞。

3. ARP 协议

即地址转换协议。在 TCP/IP 网络环境下，每个主机都分配了一个 32 位的 IP 地址，这种互联网地址是在网际范围标识主机的一种逻辑地址。为了让报文在物理网上传送，必须知道彼此的物理地址。这样就存在把互联网地址变换成物理地址的转换问题。这就需要在网络层有一组服务将 IP 地址转换为相应物理网络地址，这组协议即 ARP。

4. TCP 协议

即传输控制协议，它提供的是一种可靠的数据流服务。当传送受差错干扰的数据，或举出网络故障，或网络负荷太重而使网际基本传输系统不能正常工作时，就需要通过其他的协议来保证通信的可靠。TCP 就是这样的协议。TCP 采用"带重传的肯定确认"技术来实现传输的可靠性，并使用"滑动窗口"的流量控制机制来提高网络的吞吐量。TCP 通信建立实现了一种"虚电路"的概念。双方通信之前，先建立一条链接然后双方就可以在其上发送数据流。这种数据交换方式能提高效率，但事先建立连接和事后拆除连接需要开销。

5. UDP 协议

即用户数据包协议，它是对 IP 协议组的扩充，它增加了一种机制，发送方可以区分一台计算机上的多个接收者。每个 UDP 报文除了包含数据外还有报文的目的端口的编号和报文源端口的编号，从而使 UDP 软件可以把报文递送给正确的接收者，然后接收者要发出一个应答。由于 UDP 的这种扩充，使得在两个用户进程之间递送数据包成为可能。

6. FTP 协议

即文件传输协议，它是网际提供的用于访问远程机器的协议，它使用户可以在本地机与远程机之间进行有关文件的操作。FTP 工作时建立两条 TCP 链接，分别用于传送文件和用于传送控制。FTP 采用客户/服务器模式，包含客户 FTP 和服务器 FTP，其中客户 FTP 启动传送过程，而服务器 FTP 对其作出应答。

7. DNS 协议

即域名服务协议，它提供域名到 IP 地址的转换，允许对域名资源进行分散管理。DNS 最初设计的目的是使邮件发送方知道邮件接收主机及邮件发送主机的 IP 地址，后来发展成可服务于其他许多目标的协议。

8. SMTP 协议

即简单邮件传送协议互联网标准中的电子邮件是一个简单的基于文本的协议，用于可靠、有效地数据传输。SMTP 作为应用层的服务，并不关心它下面采用的是何种传输服务，它可通过网络在 TXP 链接上传送邮件，或者简单地在同一机器的进程之间通过进程通信的通道来传送邮件，这样，邮件传输就独立于传输子系统，可在 TCP/IP 环境或 X.25 协议环境中传输邮件。

三、IP地址

（一）IP 概述

IP 地址是互联网协议地址，是 IP 协议提供的一种统一的地址格式，为计算机网络相互连接进行通信而设计的协议。首先出现的 IP 地址是 IPV4，它只有 4 段数字，每一段最大不超过 255。由于互联网的蓬勃发展，IP 位址的需求量越来越大，地址空间的不足必将妨碍互联网的进一步发展。为了扩大地址空间，拟通过 IPv6 重新定义地址空间，IPv6 采用 128 位地址长度，几乎可以不受限制地提供地址。IPv6 的设计过程中除解决了地址短缺问题以外，还考虑了在 IPv4 中解决不好的其他一些问题，主要有端到端 IP 连接、服务质量（QoS）、安全性、多播、移动性、即插即用等。因 IPV6 未在调度数据网中运用，本文中只介绍 IPV4 地址。

（二）IP 地址介绍

IP 地址是一个 32 位的二进制数，通常被分割为 4 个"8 位二进制数"（即 4 个字节），IP 地址通常用"点分十进制"表示成（x.x.x.x）的形式，且都是 0～255 之间的十进制整数。IP 地址详解如图 3-3 所示。

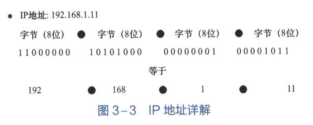

图 3-3　IP 地址详解

现在进行 IP 地址规划时，通常在公司内部网络使用私有 IP 地址。私有 IP 地址是由 InterNIC 预留的由各个企业内部网自由支配的 IP 地址。使用私有 IP 地址不能直接访问 Internet。原因很简单，私有 IP 地址不能在公网上使用，公网上没有针对私有地址的路由，会产生地址冲突问题。当访问 Internet 时，需要利用网络地址转换（network address translation，NAT）技术，把私有 IP 地址转换为 Internet 可识别的公有 IP 地址。

InterNIC 预留了以下网段作为私有 IP 地址：A 类地址 10.0.0.0～10.255.255.255；B 类地址 172.16.0.0～172.31.255.255；C 类地址 192.168.0.0～192.168.255.255 等，如图 3-4 所示。

图 3-4　私有 IP 地址

（三）IP 地址分类

IP 地址分类如图 3-5 所示。

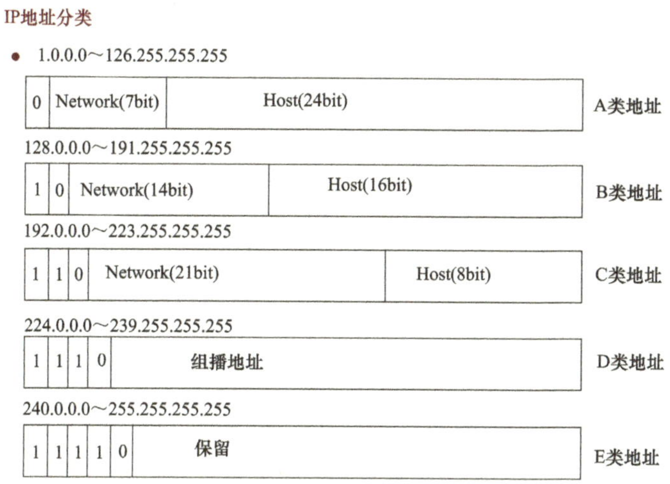

IP地址分类

● 1.0.0.0～126.255.255.255

| 0 | Network(7bit) | Host(24bit) | | A类地址 |

128.0.0.0～191.255.255.255

| 1 | 0 | Network(14bit) | Host(16bit) | | B类地址 |

192.0.0.0～223.255.255.255

| 1 | 1 | 0 | Network(21bit) | Host(8bit) | | C类地址 |

224.0.0.0～239.255.255.255

| 1 | 1 | 1 | 0 | 组播地址 | | D类地址 |

240.0.0.0～255.255.255.255

| 1 | 1 | 1 | 1 | 0 | 保留 | | E类地址 |

图 3-5　IP 地址分类

IP 地址的网络部分称为网络地址，网络地址用于唯一地标识一个网段，或者若干网段的聚合，同一网段中的网络设备有同样的网络地址。IP 地址的主机部分称为主机地址，主机地址用于唯一的标识同一网段内的网络设备。例如，前面所述的 A 类 IP 地址：10.110.192.111，网络部分地址为 10，主机部分地址为 110.192.111。

最初互联网络设计者根据网络规模大小规定了地址类，把 IP 地址分为 A、B、C、D、E 五类。

A 类 IP 地址的网络地址为第一个八位数组（octet），第一个字节以"0"开始。因此，A 类网络地址的有效位数为 8-1=7 位，A 类地址的第一个字节为 1～126 之间（127 留作它用）。例如 10.1.1.1、126.2.4.78 等为 A 类地址。A 类地址的主机地址位数为后面的三个字节 24 位。A 类地址的范围为 1.0.0.0～126.255.255.255，每一个 A 类网络共有 224 个 A 类 IP 地址。

B 类 IP 地址的网络地址为前两个八位数组（octet），第一个字节以"10"开始。因此，B 类网络地址的有效位数为 16-2=14 位，B 类地址的第一个字节为 128～191 之间。例如 128.1.1.1、168.2.4.78 等为 B 类地址。B 类地址的主机地址位数为后面的二个字节 16 位。B 类地址的范围为 128.0.0.0～191.255.255.255，每一个 B 类网络共有 216 个 B 类 IP 地址。

C 类 IP 地址的网络地址为前三个八位数组（octet），第一个字节以"110"开始。因此，C 类网络地址的有效位数为 24-3=21 位，C 类地址的第一个字节为 192～

223 之间。例如 192.1.1.1、220.2.4.78 等为 C 类地址。C 类地址的主机地址部分为后面的一个字节 8 位。C 类地址的范围为 192.0.0.0～223.255.255.255，每一个 C 类网络共有 28=256 个 C 类 IP 地址。

D 类地址第一个 8 位数组以"1110"开头，因此，D 类地址的第一个字节为 224～239。D 类地址通常作为组播地址。关于组播地址，在 HCSE 交换课程会有讨论。

E 类地址第一个字节为 240～255 之间，保留用于科学研究。

经常用到的是 A、B、C 三类地址。IP 地址由国际网络信息中心组织（International Network Information Center，InterNIC）根据公司大小进行分配。过去通常把 A 类地址保留给政府机构，B 类地址分配给中等规模的公司，C 类地址分配给小单位。然而，随着互联网络飞速发展，再加上 IP 地址的浪费，IP 地址已经非常紧张。

（四）特殊 IP 地址

特殊 IP 地址如图 3-6 所示。

特殊IP地址

网络部分	主机部分	地址类型	用途
Any	全"0"	网络地址	代表一个网段
Any	全"1"	广播地址	特定网段的所有节点
127	any	环回地址	环回测试
全"0"		所有网络	华为Quidway路由器用于指定默认路由
全"1"		广播地址	本网段所有节点

图 3-6　特殊 IP 地址

IP 地址用于唯一的标识一台网络设备，但并不是每一个 IP 地址都是可用的，一些特殊的 IP 地址被用于各种各样的用途，不能用于标识网络设备。

对于主机部分全为"0"的 IP 地址，称为网络地址，网络地址用来标识一个网段。例如，A 类地址 1.0.0.0，私有地址 10.0.0.0、192.168.1.0 等。

对于主机部分全为"1"的 IP 地址，称为网段广播地址，广播地址用于标识一个网络的所有主机。例如，10.255.255.255、192.168.1.255 等，路由器可以在 10.0.0.0 或者 192.168.1.0 等网段转发广播包。广播地址用于向本网段的所有节点发送数据包。

对于网络部分为 127 的 IP 地址，例如 127.0.0.1 往往用于环路测试目的。

全"0"的 IP 地址 0.0.0.0 代表所有的主机，华为 Quidway 系列路由器用 0.0.0.0 地址指定默认路由。

全"1"的 IP 地址 255.255.255.255，也为广播地址，但 255.255.255.255 代表所有主机，用于向网络的所有节点发送数据包。这样的广播不能被路由器转发。

如上所述，每一个网段会有一些 IP 地址不能用作主机 IP 地址。下面来计算一下可用的 IP 地址。例如 B 类网段 172.16.0.0，有 16 个主机位，因此有 2^{16} 个 IP 地址，去掉一个网络地址 172.16.0.0，一个广播地址 172.16.255.255 不能用作标识主机，那么共有 $2^{16}-2$ 个可用地址。C 类网段 192.168.1.0，有 8 个主机位，共有 $2^8=256$ 个 IP 地址，去掉一个网络地址 192.168.1.0，一个广播地址 192.168.1.255，共有 254 个可用主机地址。现在，可以这样计算每一个网段可用主机地址：假定这个网段的主机部分位数为 n，那么可用的主机地址个数为 2^n-2 个。

网络层设备（例如路由器等）使用网络地址来代表本网段内的主机，大大减少了路由器的路由表条目。

四、子网掩码

（一）概述

子网掩码是一种用来指明一个 IP 地址的哪些标识是主机所在的子网，以及哪些位标识的是主机的位掩码。子网掩码不能单独存在，必须结合 IP 地址一起使用。子网掩码的作用就是将某个 IP 地址划分成网络地址和主机地址两部分。

缺省状态下，如果没有进行子网划分，A 类网络的子网掩码为 255.0.0.0，B 类网络的子网掩码为 255.255.0.0，C 类网络子网掩码为 255.255.255.0。利用子网，网络地址的使用会更有效。对外仍为一个网络，对内部而言，则分为不同的子网。

（二）子网掩码的表示方法

子网掩码表示方法如图 3-7 所示。

如图 3-7 所示，IP 地址和子网掩码的二进制和十进制的对应关系表示清晰，所以子网掩码比特数中是 8+8+8+4=28，这个指的是子网掩码中连续 1 的个数，这里是 28 位 1。那么最后是子网掩码的另外一种表示方法：/28＝255.255.255.240。

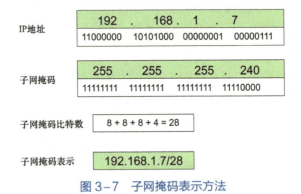

IP地址	192 . 168 . 1 . 7
	11000000　10101000　00000001　00000111

子网掩码	255 . 255 . 255 . 240
	11111111　11111111　11111111　11110000

子网掩码比特数	8 + 8 + 8 + 4 = 28

子网掩码表示	192.168.1.7/28

图 3-7　子网掩码表示方法

（三）子网划分

1. 网络地址的计算

网络地址计算如图 3-8 所示。

IP 地址为：192.168.1.7/19

IP 地址	192 . 168 . 1 . 7
	11000000　10101000　00000001　00000111

子网掩码	255 . 255 . 255 . 240
	11111111　11111111　11111111　11110000

网络地址 （二进制）	11000000　10101000　00000001　00000000

网络地址	192.168.1.7/28

图 3-8　网络地址计算

如图 3-8 所示，IP 地址和子网掩码都已经知道，那么网络地址就是 IP 地址的二进制和子网掩码的二进制进行"与"的计算。"与"的计算方法是 1&1＝1、1&0＝0、0&0＝0。那么胶片中 IP 地址和子网掩码的与计算为

$$11000000，10101000，00000001，00000111$$
$$\&　1111111，11111111，11111111，11110000$$
$$\overline{\qquad\qquad\qquad\qquad\qquad\qquad\qquad\qquad}$$
$$11000000，10101000，00000001，00000000$$

最后得到的就是网络地址。

2. 计算实例

（1）计算可用主机数。计算可用主机数如图 3-9 所示。

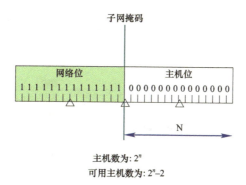

图 3-9　计算可用主机数

如图 3-9 所示,主机数的计算是通过子网掩码来计算的,首先我们要看这个子网掩码中最后有多少位是 0。假设最后有 n 位为 0,那么总的主机数为 2^n 个,可用主机的个数我们要减去全 0 的网络地址和全 1 的广播地址,既 2^n-2 个。

(2)利用子网数计算主机。利用子网数计算主机数如图 3-10 所示。

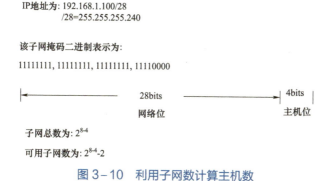

图 3-10　利用子网数计算主机数

图 3-10 例子是一个 C 类地址,标准子网掩码有 8bits 的主机位,那么计算主机总数的时候就为 2 的 8-4 次方,8 指的是标准子网掩码的主机位个数,4 为实际主机位个数,进行相减后,就得到了主机位数,可表示为 2^{8-4} 那么就得到了主机总数。

(3)子网规划举例。子网规划举例如图 3-11 所示。

图 3-11 中,网段地址是一个 C 类地址:201.222.5.0。假设需要 20 个子网,其中每个子网 5 个主机,就要把主机地址的最后一个八位组分成子网部分和主机部分。

子网部分的位数决定了子网的数目。在这个例子中,因为是 C 类地址,所以子网部分和主机部分总共 8 位,因为 24<20<25,所以子网部分占有 5 位,最大可提供 30(25-2)个子网。剩余 3 位为主机部分。一共有 8 个(23)值。主机部分全是 0 的 IP 地址,是子网网络地址;主机部分全是 1 的 IP 地址是本

子网的广播地址。这样就剩余 6 个主机地址。可以满足需要。

● 例子：某公司分配到C类地址201.222.5.0。假设需要20个子网，每个子网有5台主机，我们该如何划分？

图 3-11　子网规划举例

每个网段分别为：

201. 222.5.0～201.222.5.7

201. 222.5.8～201.222.5.15

201. 222.5.16～201.222.5.23

……

201. 222.5.232～201.222.5.239

201. 222.5.240～201.222.5.247

201. 222.5.248～201.222.5.255

习　题

1. 简述 TCP/IP 模型各层功能。

2. 为什么说 TCP/IP 模型中 TCP 协议是可靠的传输协议？

3. IP 地址分位哪几类？

第二节　交换机原理与配置

学习目标

1. 了解交换机基本原理。

2. 了解 VLAN 基本原理和配置。

3. 了解生成树协议基本原理。

知 识 点

一、交换机概述

交换机是一种用于电（光）信号转发的网络设备。它可以为接入交换机的任意两个网络节点提供独享的电信号通路，交换机网络拓扑如图3-12所示。

交换机是一个扩大网络的设备，为子网络提供更多的连接端口，以便连接多个以太网物理段，隔离冲突域；依据链路层的 MAC 地址，对以太网帧进行高速而透明的交换转发；会自行学习和维护 MAC 地址信息。

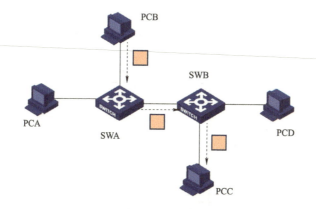

图 3-12 交换机网络拓扑

PCB—主机 B；PCA—主机 A；SWA—交换机 A；SWB—交换机 B；PCC—主机 C；PCD—主机 D

交换机工作于开放式系统互联模型（open system interconnect，OSI）的第二层，即数据链路层。交换机拥有一条高带宽的背部总线和内部交换矩阵，在同一时刻可进行多个端口对之间的数据传输。

（一）交换机硬件结构

以常见的华为 S2700 系列交换机为例，交换机正面视图如图3-13所示。

图 3-13 华为 S2700 系列交换机正面视图

如图 3-13 所示，从左至右分别为 16 个 10/100BASE-T 百兆以太网电口、8 个 10/100/1000BASE-T 千兆以太网电口、2 个 combo 光电模块接口、2 个

1000BASE-X 千兆以太光接口、PNP 接口及 console 口。

其中前 24 个 10/100/1000BASE-T 以太网电接口主要用于十兆/百兆/千兆业务的接收和发送，需配套使用网线。

2 个 Combo 接口又叫光电复用接口，是由设备面板上的两个以太网口（一个光口和一个电口）组成，Combo 电口与其对应的光口在逻辑上是光电复用的，用户可根据实际组网情况选择其中的一个使用，但两者不能同时工作。

2 个 1000BASE-X 以太网光接口使用 GE 光模块时不支持百兆传输，仅可用于千兆业务的接收和发送，1000BASE-X 以太网光接口使用 GE 光电模块时支持十兆/百兆/千兆业务的接收和发送。

Console 接口用于连接控制台，实现现场配置功能，需配套使用 Console 通信线缆，设备初次上电使用时需要通过 Console 接口进行配置。

路由器本体状态指示灯示意见表 3-1。

表 3-1　　　　　　　　　　路由器本体状态指示灯示意

指示灯	指示灯名称	指示灯颜色	指示灯状态	状态描述
PWR	内置电源指示灯	—	常灭	设备未上电
		绿色	常亮	电源供电正常
SYS	系统运行状态灯	—	常灭	系统未运行
		绿色	快闪	系统正在启动过程中
		绿色	慢闪	系统正常运行中
		红色	常亮	设备注册后系统未正常运行，或有风扇、温度异常告警
STAT	Status 模式状态灯	—	常灭	没有选择 Status 模式
		绿色	常亮	选择 Status 模式（默认模式），默认模式下业务接口指示灯正在指示接口链路连接、激活状态
SPED	Speed 模式状态灯	—	常灭	没有选择 Speed 模式
		绿色	常亮	选择 Speed 模式，业务接口指示灯暂时用来指示接口的速率，45s 后自动恢复到默认模式（Status）
STCK	Stack 模式状态灯	—	常灭	未进行 mode 切换操作时（默认状态）：表示本设备为堆叠备或堆叠从设备或未使能堆叠功能的设备
				进行模式切换操作时：表示没有选择 Stack 模式
		绿色	常亮	选择 Stack 模式，本设备为堆叠备或堆叠从设备，此时业务接口指示灯暂时用来表示本设备的堆叠 ID
		绿色	闪烁	未进行 mode 切换操作时（默认状态）：表示本设备为堆叠主设备或已使能堆叠功能但独立未进行堆叠的设备。 进行 mode 切换操作时：表示选择 Stack 模式，本设备为堆叠主设备或独立未进行堆叠的设备，此时业务接口指示灯暂时用来表示堆叠主设备的堆叠 ID。45s 后自动恢复到默认模式

续表

指示灯	指示灯名称	指示灯颜色	指示灯状态	状态描述
PoE	PoE 模式状态灯	—	常灭	没有选择 PoE 模式
		绿色	常亮	选择 PoE 模式，业务接口指示灯暂时用来指示各接口的 PoE 状态，45s 后自动恢复到默认模式（Status）
MODE	模式切换按钮	—	—	按钮按一次则切换到 Speed 模式，此时业务接口指示灯暂时用来指示各接口的速率状态
				再按一次则切换到 Stack 模式，此时业务接口指示灯暂时用来指示堆叠 ID
				再按一次则切换到 PoE 模式，此时业务接口指示灯暂时用来指示各接口的 PoE 状态
				再按一次则恢复默认状态，即 STAT 灯亮绿色
				当超过 45s 没有按动按钮，则模式状态灯自动恢复为默认模式（STAT 灯亮绿色，SPED 灯和 PoE 灯常灭、STCK 灯常灭或绿色闪烁）
—	业务接口指示灯			—

其中，业务接口指示灯的含义跟所处的模式相关，在各种模式下含义见表 3-2。

表 3-2　　　　　　　　各种模式下的业务接口指示灯的含义

业务接口指示灯的显示模式	业务接口指示灯颜色	业务接口指示灯状态	含义
Status 模式	—	常灭	接口无连接或被关闭
	绿色	常亮	接口有连接
	绿色	闪烁	接口在发送或接收数据
Speed 模式	—	常灭	接口无连接或被关闭
	绿色	常亮	10M/100M/1000M 接口：接口工作在 10M/100M 速率
	绿色	闪烁	10M/100M/1000M 接口：接口工作在 1000M 速率
PoE 模式	—	常灭	表示接口未远程供电
	绿色	常亮	表示接口在远程供电
	黄色	常亮	表示接口 PoE 功能 Disable
	黄色	闪烁	表示由于错误 PoE 停止供电（如插入非兼容 PD）
	绿色和黄色	交替闪烁	表示受电方功率超过接口供电能力或设置的阈值功率而拒绝此接口 PoE 供电
			设备对外供电的总功率已经达到了设备对外供电的最大功率而拒绝此接口对外供电
			手动模式用户没有打开 PD 供电

业务接口指示灯的显示模式	业务接口指示灯颜色	业务接口指示灯状态	含义
Stack 模式	—	常灭	接口指示灯不表示设备的堆叠 ID
	绿色	常亮	表示该设备为非主交换机
			如果其中某个接口的指示灯常亮表示该接口的接口号为本设备的堆叠 ID
			如果设备的 1 到 9 接口同时常亮,表示本设备的堆叠 ID 为 0
	绿色	闪烁	表示该设备是主交换机
			如果其中某个接口的指示灯闪烁表示该接口的接口号为本设备的堆叠 ID
			如果设备的 1 到 9 接口同时闪烁,表示本设备的堆叠 ID 为 0

（二）交换机的作用和特点

（1）交换机的作用主要有:

1）连接多个以太网物理段,隔离冲突域。

2）对以太网帧进行高速而透明的交换转发。

3）自行学习和维护 MAC 地址信息。

（2）交换机的特点有:

1）主要工作在 OSI 模型的物理层、数据链路层。

2）提供以太网间的透明桥接和交换。

（三）交换机的功能

交换机的主要功能包括物理编址、网络拓扑结构、错误校验、帧序列以及流控。

学习:以太网交换机了解每一端口相连设备的 MAC 地址,并将地址同相应的端口映射起来存放在交换机缓存中的 MAC 地址表中。

转发/过滤:当一个数据帧的目的地址在 MAC 地址表中有映射时,它被转发到连接目的节点的端口而不是所有端口（如该数据帧为广播/组播帧则转发至所有端口）。

消除回路:当交换机包括一个冗余回路时,以太网交换机通过生成树协议避免回路的产生,同时允许存在后备路径。

（四）交换机的传输模式

交换机的传输模式有全双工，半双工，全双工/半双工自适应。

半双工：接口任意时刻只能接收数据或者发送数据，数据单向传输，冲突率高，一般出现在用 HUB 的情况，依据链路层的 MAC 地址，将以太网数据帧在端口间进行转发，半双工传输模式如图 3-14 所示。

全双工：接口可以同时接收和发送数据，用于点到点以太网连接和快速以太网连接，同时不会发生网络冲突，全双工传输模式如图 3-15 所示。

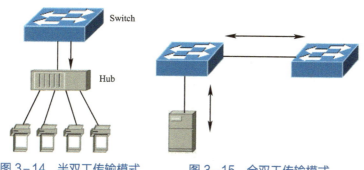

图 3-14　半双工传输模式　　　图 3-15　全双工传输模式

二、虚拟局域网工作原理

虚拟局域网（virtual local area network，VLAN）是将一个物理的 LAN 在逻辑上划分成多个广播域的通信技术，VLAN 逻辑拓扑如图 3-16 所示。

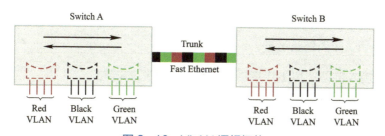

图 3-16　VLAN 逻辑拓扑

Switch A—交换机 A；Switch B—交换机 B；Fast Ethernet—快速以太网；Trunk—链路

（一）VLAN 产生的原因

网络中的设备发出一个广播信号，所有能接收到这个信号的设备范围称为广播域。通常情况下，一个物理的 LAN 就是一个广播域，当广播域中的设备较多就会产生广播泛滥、性能显著下降甚至造成网络不可用等问题。

VLAN 技术可以把一个 LAN 划分成多个逻辑的 VLAN，每个 VLAN 是一个广播域，VLAN 内的主机间通信就和在一个 LAN 内一样，而 VLAN 间则不能直接互通，这样，广播报文就被限制在一个 VLAN 内。

（二）VLAN 的特点

（1）限制广播域：广播域被限制在一个 VLAN 内，节省了带宽，提高了网络处理能力。

（2）增强安全性：不同 VLAN 内的报文在传输时是相互隔离的，即一个 VLAN 内的用户不能和其他 VLAN 内的用户直接通信。

（3）提高健壮性：故障被限制在一个 VLAN 内，本 VLAN 内的故障不会影响其他 VLAN 的正常工作。

（4）提高灵活性：用 VLAN 可以划分不同的用户到不同的工作组，同一工作组的用户也不必局限于某一固定的物理范围，网络构建和维护更方便灵活。

（三）VLAN 的划分方式

（1）基于接口：根据交换机的接口编号划分 VLAN。

（2）基于 MAC 地址：根据连接设备网卡的 MAC 地址划分 VLAN。

（3）基于 IP 子网：根据接收报文中的源 IP 地址信息划分 VLAN。

（4）基于协议：根据接口接收到的报文所属的协议（族）类型及封装格式划分 VLAN。

（5）基于策略：根据交换机上配置终端的 MAC 地址和 IP 地址划分 VLAN。

（四）VLAN 的链路类型

（1）接入链路：用于连接用户主机和交换机的链路。

（2）干道链路：用于连接交换机和交换机的链路。

（五）VLAN 的接口类型

（1）Access 接口：Access 接口是交换机上用来连接用户主机的接口，它只能连接接入链路。

（2）Trunk 接口：Trunk 接口是交换机上用来和其他交换机连接的接口，它只能连接干道链路。

（3）Hybrid 接口：Hybrid 接口是交换机上既可以连接用户主机，又可以连接其他交换机的接口。

三、生成树协议工作原理

生成树协议（spanning tree protocol，STP）工作在 OSI 模型中的数据链路层，是一个用于局域网中消除环路的协议，运行该协议的设备通过彼此交互信息而发现网络中的环路，并适当对某些端口进行阻塞以消除环路，生成树逻辑拓扑如图 3-17 所示。

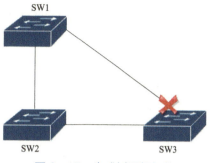

图 3-17　生成树逻辑拓扑

（一）生成树产生的原因

如果交换网络中出现环路，会出现广播风暴、MAC 地址表震荡等问题，最终导致整个网络资源被耗尽，网络瘫痪不可用。

运行 STP 协议的设备通过彼此交互信息发现网络中的环路，并有选择地对某个端口进行阻塞，最终将环形网络结构修剪成无环路的树形网络结构，从而防止报文在环形网络中不断循环，避免设备由于重复接收相同的报文造成处理能力下降。

（二）生成树的特点及类型

（1）消除环路，通过阻塞冗余链路消除网络中可能存在的网络通信环路。

（2）链路备份，当前活动的路径发生故障时，激活冗余备份链路，恢复网络连通性。

（三）生成树的主要参数

（1）桥 ID（bridge ID）：STP 利用桥 ID 来跟踪网络中的所有交换机。桥 ID 是由桥优先级和 MAC 地址的组合来决定的。

（2）端口开销（port cost）：该端口在 STP 中的开销值。默认情况下端口的开销和端口的带宽有关，带宽越高，开销越小。

（3）路径开销（path cost）：非根桥到达根桥的路径上端口开销总和。

（4）最短路径开销（root path Cost）：非根桥到达根桥的最短路径上的端口开销。

（5）网桥协议数据单元（bridge protocol data unit，BPDU）：交换机之间传递一种特殊的协议报文，用于计算生成树。

（四）生成树的角色

（1）根桥（root bridge）：是桥 ID 最低的网桥。

（2）非根桥（nonroot bridge）：除了根桥外，其他所有的网桥都是非根桥。

（3）根端口（root port）：根端口就是去往根桥路径开销最小的端口。

（4）指定端口（designated port）：交换机向所联网段转发 BPDU 报文的端口，每个网段有且只能有一个指定端口。

（5）非指定端口（nondesignated port）：其他的非根非指定端口都处于阻塞（Blocking）状态，它们只接收 STP 协议报文而不转发用户流量。

（五）生成树的端口状态

（1）转发状态（forwarding）：端口既转发用户流量也处理 BPDU 报文，只有根端口或指定端口才能进入 Forwarding 状态。

（2）学习状态（learning）：设备会根据收到的用户流量构建 MAC 地址表，但不转发用户流量。过渡状态，增加 Learning 状态防止临时环路。

（3）侦听状态（listening）：确定端口角色，将选举出根桥、根端口和指定端口，过渡状态。

（4）阻塞状态（blocking）：端口仅仅接收并处理 BPDU，不转发用户流量，阻塞端口的最终状态。

（5）禁用状态（disabled）：端口不仅不处理 BPDU 报文，也不转发用户流量，端口状态为 Down。

四、交换机VLAN配置

（一）网络拓扑

某企业的交换机连接有很多用户，且相同业务用户通过不同的设备接入企业网络。为了通信的安全性，同时为了避免广播风暴，企业希望业务相同用户之间可以互相访问，业务不同用户不能直接访问。网络拓扑如图 3-18 所示。

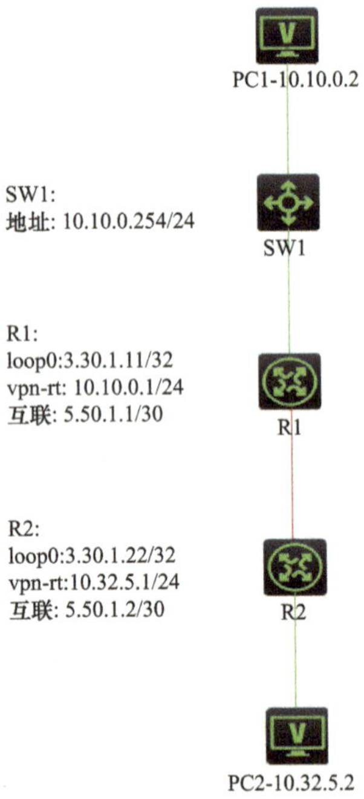

PC1-10.10.0.2

SW1:
地址：10.10.0.254/24

SW1

R1:
loop0:3.30.1.11/32
vpn-rt:10.10.0.1/24
互联：5.50.1.1/30

R1

R2:
loop0:3.30.1.22/32
vpn-rt:10.32.5.1/24
互联：5.50.1.2/30

R2

PC2-10.32.5.2

图 3-18 网络拓扑图

（二）使用 Secure CRT 终端软件配置交换机

通过 console 线连接交换机的 console 口，打开终端软件，进行连接调试，调试结果如图 3-19 所示。

协议："Serial"。

端口：选择根据计算机设备管理器中"端口"选项显示的 COM 口。

波特率："9600"。

数据位：8 位。

奇偶校验：无。

停止位：1。

数据流控制：无，取消所有勾选项。

图 3-19　使用 Secure CRT 终端软件配置图

（三）VLAN 基本命令实例

vlan vlan-id　　//创建 VLAN

interface interface-type interface-number　　//进入需要加入 VLAN 的以太网接口视图

port link-type { access | hybrid | trunk }　　//配置以太网接口的链路类型

port default vlan vlan-id　　//配置 Access 接口的缺省 VLAN 并同时加入这个 VLAN

port trunk pvid vlan vlan-id　　//设置 Trunk 类型接口的缺省 VLAN

port trunk allow-pass vlan { { vlan-id1[to vlan-id2]}&<1-10>| all }　　//配置 Trunk 类型接口加入多个 VLAN

port hybrid pvid vlan vlan-id　　//命令用来设置 Hybrid 类型接口的缺省 VLAN ID

port hybrid tagged/untagged vlan vlan-id　　//命令用来配置 Hybrid 类型接口加入的 VLAN,这些 VLAN 的帧以 tagged/untagged 方式通过接口

（四）交换机配置脚本

（1）交换机启动完毕后，进行设备检查。

1）检查软件版本、补丁：

```
display version;
display startup。
```

2）检查单板状态 display device。

3）检查风扇状态 display fan。

4）检查电源状态 display power。

（2）进入系统视图，修改设备名称：

```
system-view      //进入系统视图
sysname S1       //修改设备名称
```

（3）配置交换机管理地址：

```
interface Vlan-interface 1   //进入交换机虚拟接口
ip address 10.10.0.254 255.255.255.0
```

缺省情况下，所有接口加入的 VLAN 和缺省 VLAN 都为 VLAN1。

（4）配置交换机静态路由：

```
ip route-static 10.32.5.0 255.255.255.0 10.10.0.1
```

（5）配置 snmp 协议，接入交换机到内网平台：

```
snmp-agent                    //启用 snmp 协议
snmp-agent trap enable        //启用 snmp trap 功能
snmp-agent target-host trap address udp-domain x.x.x.x udp-port
```
162 params securityname ZJSJW0511 v2c //使用 UDP 协议的 162 端口,将交换机日志文件上传至内网平台,内网平台采集交换机信息的关键字是 ZJSJW0511

```
snmp-agent community read ZJSJW0511
snmp-agent community write zjsjw0511    //设置 snmp 具有读取、写入权限
```
的关键字

```
snmp-agent sys-info version v2c         //设置 snmp 版本
info-center enable                      //开启设备信息中心功能
info-center loghost x.x.x.x             //设置上传内网平台日志地址
```

五、验证

在交换机上查看学习到的路由表，结果如图 3-20 所示。

```
<S1>dis ip routing-table

Destinations : 13        Routes : 13

Destination/Mask   Proto  Pre Cost       NextHop        Interface
0.0.0.0/32         Direct 0   0          127.0.0.1      InLoop0
10.10.0.0/24       Direct 0   0          10.10.0.254    Vlan1
10.10.0.0/32       Direct 0   0          10.10.0.254    Vlan1
10.10.0.254/32     Direct 0   0          127.0.0.1      InLoop0
10.10.0.255/32     Direct 0   0          10.10.0.254    Vlan1
10.32.5.0/24       Static 60  0          10.10.0.1      Vlan1
127.0.0.0/8        Direct 0   0          127.0.0.1      InLoop0
127.0.0.0/32       Direct 0   0          127.0.0.1      InLoop0
127.0.0.1/32       Direct 0   0          127.0.0.1      InLoop0
127.255.255.255/32 Direct 0   0          127.0.0.1      InLoop0
224.0.0.0/4        Direct 0   0          0.0.0.0        NULL0
224.0.0.0/24       Direct 0   0          0.0.0.0        NULL0
255.255.255.255/32 Direct 0   0          127.0.0.1      InLoop0
<S1>
```

图 3-20　学习到的路由表

习 题

1. 简述交换机的主要作用。
2. 简述 VLAN 的主要作用。
3. 简述生成树协议的端口状态。

第三节　路由器原理与配置

学习目标

1. 了解路由器基本原理。
2. 掌握路由器配置方法和命令。
3. 熟悉接入层路由器配置。

知 识 点

一、路由器概述

路由器（router）是一种多端口的网络设备，它能够连接多个不同网络或网段，并能将不同网络或网段之间的数据信息进行传输，从而构成一个更大的网络，如图 3-21 所示。

路由器主要用于异种网络互联或多个子网互联。

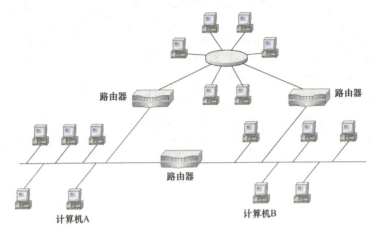

图 3-21　网络拓扑图

（一）路由器硬件结构

以常见的华为 AR2200 系列路由器为例，路由器正面视图如图 3-22 所示。

图 3-22　华为 AR2200 系列路由器正面视图

如图 3-22 所示，从左至右分别为电源开关，220V 交流电源接口、110V 直流电源接口、GE Combo 接口、2 个 GE 电接口、2 个 USB 接口、Micro SD 卡插槽、CON/AUX 接口及 RST 按钮。

其中 GE Combo 接口又叫光电复用接口，是由设备面板上的两个以太网口（一个光口和一个电口）组成，Combo 电口与其对应的光口在逻辑上是光电复用的，用户可根据实际组网情况选择其中的一个使用，但两者不能同时工作。

2 个 GE 电接口主要用于十兆/百兆/千兆业务的接收和发送，需配套使用网线。

Console 接口用于连接控制台，实现现场配置功能，需配套使用 Console 通信线缆，设备初次上电使用时需要通过 Console 接口进行配置。

USB 接口、Micro SD 卡插槽属于扩展接口，用于外接设备或存储设备接入，在日常运维工作中不涉及。

路由器本体状态指示灯示意见表3-3。

表3-3　　　　　　　　　　　　路由器本体状态指示灯示意

分类	指示灯	正常状态描述
SRU 主控板	SYS	绿色慢闪
	ACT	绿色常亮表示主用主控板；常灭表示备用主控板
电源模块	PWR	绿色常亮
	TEMP	绿色常亮
	FAN	绿色常亮
	OUTPUT	绿色常亮表示处于冷备份状态；绿色闪烁表示处于供电状态
风扇模块	STATUS	绿色慢闪
接口卡	STAT	绿色慢闪（9ES2、4ES2G-S 单板为绿色常亮）

（二）路由器的作用和特点

1. 路由器的作用（见图3-23）

（1）连接具有不同介质的链路。

（2）连接网络或子网，隔离广播。

（3）对数据报文执行寻路和转发。

（4）交换和维护路由信息。

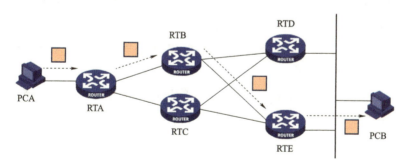

图3-23　路由器的作用

2. 路由器的特点

（1）主要工作在 OSI 模型的物理层、数据链路层和网络层。

（2）根据网络层信息进行路由转发。

（3）提供丰富的接口类型。

（4）支持丰富的链路层协议。

（5）支持多种路由协议。

（三）路由器的主要功能以及优缺点

1. 路由器的主要功能

（1）路由器的核心作用是实现网络互连。

（2）路由寻径：路由表建立、刷新、查找。

（3）流量控制：主备线路的切换及复杂的流量控制。

（4）速率匹配：不同接口具有不同的速率，路由器可以利用缓存及流控协议适配。

（5）指定访问规则（防火墙）。

（6）异种网络互联：主要是具有异种子网协议的网络互联。

2. 路由器的优缺点

路由器像其他网络设备一样，也存在它的优缺点。

它的优点主要是适用于大规模的网络，复杂的网络拓扑结构，负载共享和最优路径，安全性高，隔离不需要的通信量，节省局域网的带宽，减少主机负担等。

它的缺点主要是不支持非路由协议、安装复杂、价格高等。

（四）路由及路由表

路由是指导 IP 报文发送的路径信息。

路由表是一个存储在路由器中的各路由信息汇聚成的电子表格。

路由表中的路由主要有三个来源：

（1）链路层协议发现的路由：开销小，配置简单，无须人工维护；只能发现本接口所属网段的路由。

（2）手工配置的静态路由：无开销，配置简单，需人工维护；适合简单拓扑结构的网络。

（3）动态路由协议发现的路由：开销大，配置复杂，无须人工维护；适合复杂拓扑结构的网络。

二、路由协议

根据不同的分类方法，路由协议大致可分为以下几类：静态路由协议和动态路由协议、距离矢量和链路状态协议、内部网关协议和外部网关协议。

（一）静态路由和动态路由

路由分为静态路由和动态路由，其相应的路由表称为静态路由表和动态路由表。静态路由适于比较简单的网络环境，它需要手工配置，无须进行路由交换，因此节省网络的带宽、CPU 的利用率和路由器的内存，并且可以非常精确地控制路由的选择。然而每当网络拓扑发生变化时，都需要重新进行手工配置，修改静态路由表。

动态路由随网络运行情况的变化而变化，路由器根据路由协议提供的功能自动计算数据传输的最佳路径，由此得到动态路由表。动态路由协议分为内部网关协议 IGP 和外部网关协议 EGP。根据路由算法，内部网关协议 IGP 可分为距离向量路由协议（distance vector routing protocol）和链路状态路由协议（link state routing protocol）。

（二）距离矢量和链路状态协议

根据路由算法，动态路由协议可分为距离向量路由协议（distance vector routing protocol）和链路状态路由协议（link state routing protocol）。

距离矢量名称的由来是因为路由是以矢量（距离，方向）的方式被通告出去，其中距离是根据度量定义的，方向是根据下一跳路由器定义的。例如，"目标 A 在下一跳路由器 X 的方向，距离 5 跳"。这个表述隐含了每台路由器向邻接路由器学习他们所观察到的路由信息，然后再向外通告自己观察到的路由信息。因为每台路由器在信息上都依赖于邻接路由器，而邻接路由器又从它们的邻接路由器那里学习路由，依次类推，所以距离矢量路由选择又被认为是"以讹传讹的路由选择"。常见的距离矢量路由选择协议：RIP、思科专有的 EIGRP。

距离矢量路由器所使用的信息可以比拟为由路标提供的信息。链路状态路由选择协议像是一张公路线路图。链路状态路由器是不容易被欺骗而做出错误的路由决策，因为它有一张完整的网络图。链路状态不同于距离矢量依照传闻进行路由选择，链路状态路由器从对等路由器那里获取第一手信息，每台路由器会产生一些关于自己、本地直连链路、这些链路的状态和所有直接相连邻居的信息。这些信息从一台路由器传送到另一台路由器，每台路由器都做一份信息拷贝，但是决不改动信息。最终目的是每台路由器都有一个相同的有关网络的信息，并且每台路由器可以独立地计算各自的最优路径。

链路状态协议，又叫最短路径优先协议，围绕著名算法——E.W.Dijkstra 的最短路径算法（SPF）设计的。电力调度数据网中，常用的距离矢量路由选择协议：OSPF、IS-IS。

（三）内部网关协议和外部网关协议

当互联的网络足够庞大，由于所有的网关都需要知道所有的路由器，因此带来问题"路由算法的开销将变得异常巨大"。任何时候当网络拓扑结构发生变化时，所有的网关设备都要相互交换路由信息并重新计算路由表，即便互联网络处于一种稳定状态，路由表的规模和路由更新量也是一个越来越大的负担。

自治系统（autonomous system，AS）的引入扩展了网络互联的范围，只要有一个单一互联的网络（由多个网络组成的一个网络）就有一个自治系统，每个自治系统本身都可以是一个互联网络。AS 通过一组 16 位的数字来加以标识。

在一个自治系统内运行的路由选择协议称为内部网关协议 IGP，在自治系统之间或路由选择域之间的路由协议称为外部网关协议 EGP。IGP 发现网络之间的路径，而 EGP 发现自治系统之间的路径。BGP 为常见的外部网关协议为边界网关协议。

三、路由器关键技术

（一）开放最短路径优先协议

开放最短路径优先（open shortest path first，OSPF）协议是 IETF 组织开发的一个机遇链路状态的自治系统内部路由协议（IGP），用于在单一自治系统（autonomous system，AS）内决策路由。在 IP 网络上，OSPF 通过收集和传递自治系统的链路状态来动态地发现并传播路由。

（二）中间系统到中间系统协议

中间系统到中间系统（IS-IS）协议是由国际标准化组织提出的用于无连接网络服务（CLNS）的路由协议。IS-IS 协议是开放系统互联（OSI）协议中的网络层协议，通过对 IS-IS 协议进行扩充，增加了对 IP 路由的支持，形成集成化的 IS-IS 协议。现在提到的 IS-IS 协议都是指集成化的 IS-IS 协议。

IS-IS 已作为一种内部网关协议（IGP）在网络中大量使用。其工作机制与 OSPF 类似，通过将网络划分成区域，区域内的路由器只管理区域内路由信息，从而节省路由器开销，此特点是其能适应中大型网络的需要。

IS-IS 协议同样使用了 Dijkstra 的最短路径优先算法（SPF）来计算拓扑。IS-IS 根据链路状态数据库，并使用 SPF 算法算得拓扑结构，选择最优路由，再将该路由加入到 IP 路由表中。

（三）多协议标签交换协议

多协议标签交换（MPLS）是一种新兴的技术，这项技术旨在解决现存网络中存在的诸多与数据包转发有关的问题。MPLS 架构描述了执行标签交换的机制，这一机制集二层交换数据包转发和三层路由转发二者的优势于一身，MPLS 会为数据包分配标签，使其能够穿越基于数据包或者基于信元（cell）的网络。这种转发机制就是标签交换，在这种转发机制中，数据单元会携带一个长度固定的简短标签，这个标签的作用是告诉转发路径上每一个转发节点要如何处理这个数据包。

MPLS 的算法分成两个独立的部分：转发部分（也称数据层）和控制部分（也称控制层）。转发部分的作用是查看数据包携带的标签，然后使用标签交换机所维护的标签转发数据库，来执行数据包的转发。控制部分则负责在一组相互连接的标签交换机之间，创建并维护标签的转发信息。每个 MPLS 节点都必须运行至少一种路由协议（或依靠静态路由）来与网络中的其他 MPLS 节点交换 IP 路由信息。与传统路由器类似，IP 路由协议也会创建 IP 路由表，在传统 IP 路由器中，IP 路由表的作用是提供数据转发功能，在 MPLS 节点中，IP 路由表用于决定标签绑定交换，也就是说，MPLS 邻居节点会通过绑定来为包含在 IP 路由表中的各个子网执行标签交换。标签转发协议（label distribution protocol，LDP）用来为基于目的的单播路由执行标签绑定交换。

（四）MPLS/VPN 协议

MPLS/VPN 是一种基于 MPLS 技术的 IP‑VPN，是在网络路由和交换设备上应用 MPLS 技术，简化核心路由器的路由选择方式，利用结合传统路由技术的标记交换实现的 IP 虚拟专用网络（IP‑VPN），满足多种灵活的业务需求。

（五）边界网关协议

边界网关协议（border gateway protocol，BGP）是一种既可以用于不同自治系统（autonomous system，AS）之间，又可以用于同一 AS 内部的动态路由协议。当 BGP 运行于同一 AS 内部时，被称为 IBGP（internal BGP）；当 BGP 运行于不同 AS 之间时，称为 EBGP（external BGP）。

四、路由器配置

（一）网络拓扑图

网络拓扑图如图 3‑24 所示。

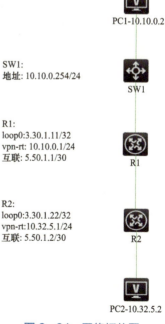

PC1-10.10.0.2

SW1:
地址：10.10.0.254/24
SW1

R1:
loop0:3.30.1.11/32
vpn-rt: 10.10.0.1/24
互联：5.50.1.1/30
R1

R2:
loop0:3.30.1.22/32
vpn-rt:10.32.5.1/24
互联：5.50.1.2/30
R2

PC2-10.32.5.2

图 3‑24 网络拓扑图

（二）使用 SecureCRT 终端软件配置路由器

通过 console 线连接路由器的 console 口，打开终端软件，进行连接调试，调试结果如图 3-25 所示。

协议："Serial"。

端口：选择根据计算机设备管理器中"端口"选项显示的 COM 口。

波特率："9600"。

数据位：8 位。

奇偶校验：无。

停止位：1。

数据流控制：无，取消所有勾选项。

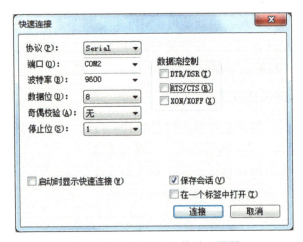

图 3-25　CRT 配置软件配置图

（三）路由器基本命令实例

*display current-configuration 命令:查看当前配置信息。

*display version 命令:使用此命令可以查看软件版本。

*display environment 命令:可以查看系统环境状态。

*display cpu 命令:查看系统 CPU 利用率。

*display memory 命令:查看系统内存使用状况。

*dsplay device 命令:查看系统各板卡状态。

*display interface 命令:查看设备中各个端口的状态,包括物理接口和逻辑 VLAN 接口。

*display ip routing-table 命令:查看设备中的路由表。

（四）进入系统视图，修改设备名称

```
system-view        //进入系统视图
sysname R1         //修改设备名称
```

（五）配置 isis

```
isis 1
cost-style wide                                    //isis 度量值模式为 wide
network-entity 47.0512.0030.3000.1011.00   //配置 isis 的区域 ID 与
Systerm ID
```

47.0512 为区域 ID。区域 ID 为可变长度，范围 1～13 字节。江苏省调度数据网区域 ID 统一使用 3 字节，如××地调：47.0512。区域 ID 具有分层细节的区域信息，如果这个标识符一样，就表示路由器在同一个区域中。

Systerm ID 用来在区域内唯一表示主机或路由器，长度固定为 6 个字节（48bit）。江苏省调度数据网使用路由器管理地址（Loopback 地址）作为 Systerm ID，不足的高位以 0 补足，如××地调的一个路由器 Loopback 地址为：3.30.1.11，补位后为 003.030.001.011，转化为 Systerm ID 格式：0030.3000.1011。

（六）配置并启用全局 mpls

```
mpls lsr-id 3.30.1.11//启用 mpls 协议,route-id 使用 loopback 地址
mpls ldp
```

（七）配置互联口

```
interface Serial 1/0
ip address 5.50.1.1 255.255.255.252   //配置互联地址
isis enable 1                         //互联口启用 ISIS 协议
mpls enable                           //互联口启用 MPLS 协议
mpls ldp enable
```

（八）配置 loopback 0 端口

```
interface LoopBack0
ip address 3.30.1.11 255.255.255.255  //Loopback 0 地址
isis enable 1                         //启用 ISIS 协议
```

（九）配置实时 VPN

```
ip vpn-instance vpn-rt                //创建实时 VPN
```

```
route-distinguisher 60512:200          //配置 VPN 的 rd 值为 200
vpn-target 60512:100 both              //配置 VPN 的 rt 值 import、export 均
```
为 100

（十）配置实时 VPN 业务接口

```
interface GigabitEthernet 0/1
ip binding vpn-instance vpn-rt         //绑定 VPN 示例
ip address 10.10.0.1 255.255.255.0     //添加业务地址
```

（十一）配置 BGP

```
bgp 60512
peer 3.30.1.22 as-number 60512
peer 3.30.1.22 connect-interface LoopBack0    //使用 Loopback 地
```
址建立 BGP 邻居
```
address-family vpnv4                   //能使 VPNV4
peer 3.30.1.22 enable
peer 3.30.1.22 advertise-community     //ipv4 邻居配置
ip vpn-instance vpn-rt                 //配置实时 VPN
address-family ipv4 unicast
import-route direct                    //引入直连路由
```

五、验证

（1）在路由器上查看学习到的公网路由表，如图 3-26 所示。

图 3-26 公网路由表

（2）在路由器上查看学习到的 VPN 路由表，如图 3-27 所示。

```
<R1>dis ip routing-table vpn-instance vpn-rt

Destinations : 13      Routes : 13

Destination/Mask    Proto   Pre Cost      NextHop          Interface
0.0.0.0/32          Direct  0   0         127.0.0.1        InLoop0
10.10.0.0/24        Direct  0   0         10.10.0.1        GE0/1
10.10.0.0/32        Direct  0   0         10.10.0.1        GE0/1
10.10.0.1/32        Direct  0   0         127.0.0.1        InLoop0
10.10.0.255/32      Direct  0   0         10.10.0.1        GE0/1
10.32.5.0/24        BGP     255 0         3.30.1.22        Ser1/0
127.0.0.0/8         Direct  0   0         127.0.0.1        InLoop0
127.0.0.0/32        Direct  0   0         127.0.0.1        InLoop0
127.0.0.1/32        Direct  0   0         127.0.0.1        InLoop0
127.255.255.255/32  Direct  0   0         127.0.0.1        InLoop0
224.0.0.0/4         Direct  0   0         0.0.0.0          NULL0
224.0.0.0/24        Direct  0   0         0.0.0.0          NULL0
255.255.255.255/32  Direct  0   0         127.0.0.1        InLoop0
<R1>
```

图 3-27　VPN 路由表

习　题

什么是静态路由和动态路由？

第四节　交换机与路由器加固

学习目标

1. 掌握交换机加固的方法。
2. 掌握路由器加固的方法。

知识点

根据国家电网有限公司对网络设备提出的安全要求，交换机、路由器安全加固要求如下：

（1）不得使用初始密码，密码复杂满足强度要求，密码必须密文显示，限制登录次数及时间限制远程登录地址。

（2）SNMP 协议必须使用 V2 及以上版本，不得使用默认的读写团体字，限制 SNMP 服务器地址。

（3）只许使用 SSH 作为远程登录方式。

（4）关闭不使用的端口。

（5）关闭不需要的服务，如 HTTP、Telnet、Rlogin、FTP。

（6）必须配置三个用户，普通、审计、超级。

（7）汇聚级及以上路由器做 ARP 绑定。

（8）关闭 banner 信息。

（9）NTP 对时。

（10）配置日志服务器。

一、华为设备加固命令

（1）创建管理员（chaoji）、普通（putong）和审计（audit）用户，密码均为 admin123!，只能通过 SSH 方式登录管理。

```
aaa
local-user chaoji password irreversible-cipher admin123!
local-user chaoji service-type ssh
local-user chaoji privilege level 15
local-user putong password irreversible-cipher admin123!
local-user putong service-type ssh
local-user putong privilege level 0
local-user audit password irreversible-cipher admin123!
local-user audit service-type ssh
local-user audit privilege level 1
```

（2）配置 SSH 服务。

```
stelnet server enable
ssh user chaoji authentication-type password
ssh user putong authentication-type password
ssh user audit authentication-type password
ssh server authentication-retries 3//密码错误次数为 3 次
ssh server timeout 120//认证超时时间为 120s
```

（3）配置 SSH 服务 rsa 密钥，长度为 1024，配置过程如图 3-28 所示。

```
rsa local-key-pair create
```

```
[Huawei]rsa local-key-pair create
The key name will be: Host
% RSA keys defined for Host already exist.
Confirm to replace them? (y/n)[n]:y
The range of public key size is (512 ~ 2048).
NOTES: If the key modulus is greater than 512,
       It will take a few minutes.
Input the bits in the modulus[default = 512]:1024
Generating keys...
.............................++++++
....++++++
.................................++++++++
.++++++++
```

图 3-28 SSH 服务 rsa 密钥配置

（4）配置远程登录，验证方式为用户密码认证模式。

```
user-interface vty 0 4

authentication-mode aaa        //设置用户密码认证模式

idle-timeout 5 0               //登录超时 5min

protocol inbound ssh           //远程登录必须使用 SSH 方式
```

（5）配置 console 口登录时，验证方式为密码验证。配置密码完后，会以密文方式显示，如图 3-29 所示。

```
user-interface console 0

authentication-mode password

……Please configure the login password(maximum length 16):admin@123

set authentication password cipher admin@123

Idle-timeout 50
```

```
[Huawei]user-interface console 0
[Huawei-ui-console0]authentication-mode password
Please configure the login password (maximum length 16):admin@123
[Huawei-ui-console0]set authentication password cipher admin@123
[Huawei-ui-console0]idle-timeout 50
```

图 3-29 配置 console 口登录模式

（6）关闭 banner 信息。

```
undo header
```

（7）关闭不必要的服务，例如 http、https、telnet、ftp、dns、dhcp。

```
undo http server enable

undo http secure-server enable

undo ftp server

undo telnet server enable

undo dns proxy enable
```

```
undo dhcp enable
```

（8）配置日志审计服务器，缓存大小为 1024kB，以 Loopback0 地址发送网管服务器。

```
info-center logbuffer size 1024          //设置设备日志缓存区大小

info-center loghost source loopback 0    //以 Loopback0 地址作为源地
```
址发送日志到服务器

（9）配置 NTP 对时，设备时区为北京时区。

```
ntp-service enable                       //开启对时服务

ntp-service source Vlan-interface 1      //以 vlan 地址作为源地址进行对时

ntp-service unicast-server x.x.x.x       //配置远程对时服务器地址

clock timezone BJ add 08:00:00           //设备时区为北京时区
```

（10）关闭空闲端口。

关闭单个端口：

```
interface gigabitethernet 1/0/2

shutdown
```

关闭多个端口：

```
interface range gigabitethernet 0/0/1 to gigabitethernet 0/0/8

shutdown
```

二、中兴设备加固命令

```
no snmp-server community public      //删除默认团体字

no snmp-server community private     //删除默认团体字

snmp-server community "团体字" view AllView ro//配置 SNMP 读团体字,
```
写团体字一般不配置

```
snmp-server enable trap//开启简单网管协议

snmp-server trap-source "loopback" //配置网管中管理本路由器的地址

snmp-server host 32.254.20.254 trap version 2c "团体字"//配置日
```
志服务器地址

```
acl standard number 100//定义序号为 100 的标准访问控制列表

rule 1 permit 3.254.32.2 0.0.0.0//添加 SNMP 服务器的 IP 地址

exit//退出

snmp-server access-list 100//应用 SNMP 访控列表

ntp enable//开启 NTP 对时功能
```

ntp server XX priority 1//配置对时服务器,一般为本地汇聚路由器 loopback 地址

ntp source "loopback"//配置发起对时数据包的源地址,该地址为自身 loopback

syslog-server host "日志服务器地址" vrf vpn-rt/vpn-nrt(如果日志服务器在 vpn 内部)//配置日志服务器地址

syslog-server source "loopback"//配置上传日志的源地址,该地址为自身 loopback

interface XX//进入未使用接口

shutdown//关闭端口

exit//退出

web disable//关闭 web 服务

no ftp-server enable//关闭 ftp 服务

banner incoming @"回车"@//关闭默认 banner 消息

service password-encryption//密码密文显示

show arp//查看 arp 表,为 ARP 绑定做准备

interface XX//进入需要进行 ARP 绑定的接口

set arp static 1.1.1.1 000a-e436-d354//接口下进行 IP 地址与 MAC 地址的绑定

exit//退出

username XX-1 password XXX privilege 3//配置普通用户的用户名、密码及权限

username XX-2 password XXX privilege 4//配置审计用户的用户名、密码及权限

username XX-3 password XXX privilege 15//配置超级用户的用户名、密码及权限

privilege show all level 3 show running-config//定义 3 级权限下可用的命令

privilege show all level 4 show logging

privilege show all level 4 show logfile//定义 4 级权限下可用的命令

no username zxr10//删除默认用户

acl standard number 50//定义序号为 50 的标准访问控制列表

rule 1 permit 3.254.32.2 0.0.0.0//添加允许远程登录的 IP 地址

exit//退出

line telnet access-class 50//应用远程登录访控列表

line telnet idle-timeout 5//配置远程登录超时时间,5分钟

ssh server enable//开启 SSH 远程登录功能

ssh server version 2//配置 SSH 使用 V2 版本

ssh server only//只允许通过 SSH 协议进行远程登录

习　题

简述路由器以及交换机设备的加固要求。

第五节　常见网络故障的排查方法

学习目标

1. 掌握路由器、交换机等常见网络设备故障排查方法。
2. 掌握调度数据网络故障排查方法。

知识点

本节介绍路由器、交换机等常见网络设备，调度数据网络故障排查方法，网络设备主要分为硬件故障排查和协议故障排查，调度数据网络局端排查和厂站端排查。

一、网络设备故障排查方法

通过 console 线连接路由器或交换机设备的 console 口,打开 ecureCRT 终端软件，连接设备进行故障查询。

（一）硬件故障排查

1. 温度异常

检查温度回显字段，查看各单板温度状态（Status）是否均为 NORMAL，如图 3-30 所示。

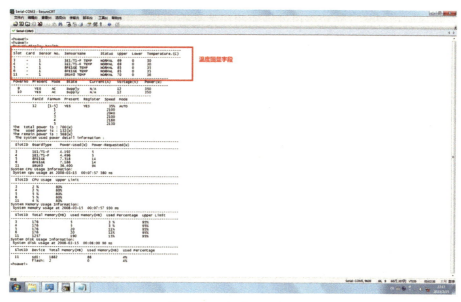

图 3-30　温度回显字段

如果发现异常，请检查机房温度是否正常、设备散热通道是否堵塞、设备的风扇模块是否工作正常，并采取相应的处理措施。

2. 电源异常

检查电源回显字段，查看在位的各电源模块的状态（State）是否均为 Supply，如图 3-31 所示。

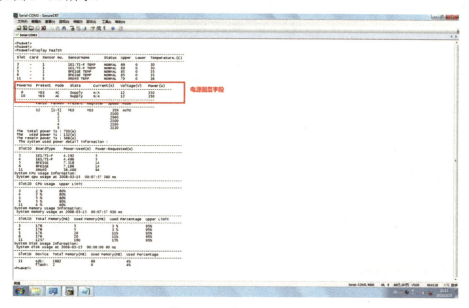

图 3-31　电源回显字段

如果发现异常，请检查电源模块的开关是否闭合、电源线缆是否松动，最后可尝试通过更换电源模块解决故障。

3. 风扇异常

检查风扇回显字段，查看在位的各风扇的注册状态（Register）是否均为YES，如图3-32所示。

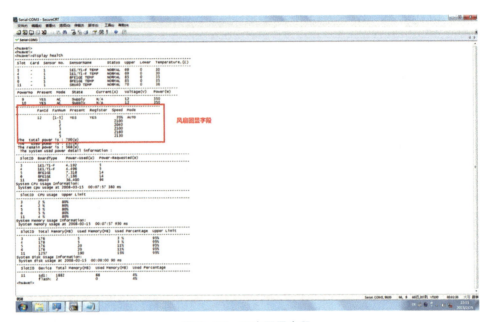

图3-32　风扇回显字段

如果发现异常，请检查风扇模块是否插牢、风扇叶是否被卡住或灰尘较多。如果是上述原因，可通过热拔插风扇模块，清理风扇叶中的异物或灰尘等方式进行解决。如果不是上述原因，可尝试通过更换风扇模块的方式进行解决。

4. CPU异常

检查CPU回显字段，查看在位的各单板的CPU使用率是否均低于80%，如图3-33所示。

如果发现CPU使用率过高，请观察一段时间（5～10min），如果一直处于高使用率状态，应检查CPU过载原因。

5. 内存异常

检查内存回显字段，查看在位的各单板内存使用率是否均低于60%，如图3-34所示。

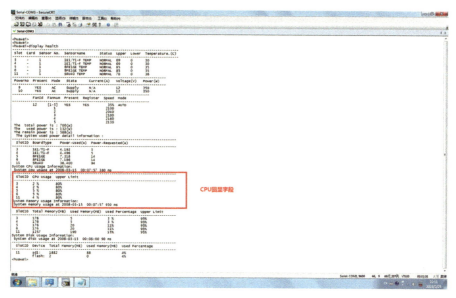

图 3-33　CPU 回显字段

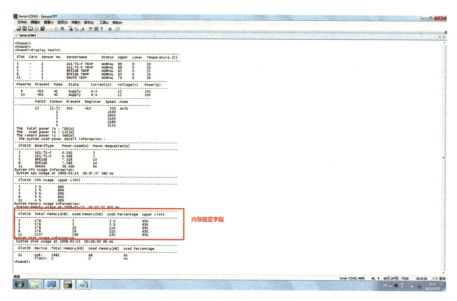

图 3-34　内存回显字段

如果发现内存使用率过高，请观察一段时间（5~10min），如果一直处于高使用率状态，应检查内存过载原因。

6. 存储异常

检查存储介质回显字段，查看存储介质使用率是否超过 80%，如图 3-35 所示。

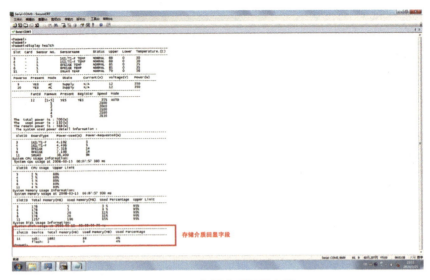

图 3-35　存储介质回显字段

如果发现存储介质使用率超过 80%，请及时清理存储介质上的过时或不必要的文件。

7. 单板状态异常

执行 display device 命令检查单板状态，如图 3-36 所示。

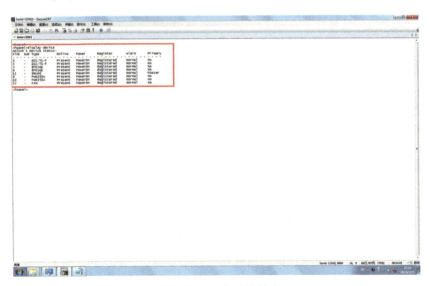

图 3-36　设备单板状态

请根据输出信息对各在位单板进行如下检查：Online 值是否为 Present、Power 值是否为 PowerOn、Register 值是否为 Registered、Alarm 值是否为 Normal。

8. 告警异常

执行 display alarm active 命令检查设备中的告警状态，查看是否存在级别为 Critical 或 Major 的告警信息，如图 3-37 所示。

```
<Huawei> display alarm active | include Major
A/B/C/D/E/F/G/H/I/J
A=Sequence, B=RootKindFlag(Independent|RootCause|nonRootCause)
C=Generating time, D=Clearing time
E=ID, F=Name, G=Level, H=State
I=Description information for locating(Para info, Reason info)
J=RootCause alarm sequence(Only for nonRootCause alarm)

  1/Independent/2014-10-02 21:38:10/2014-10-02 21:39:00/0xff8c205c/hwCPUUtilizat
ionRising/Major/End/OID 1.3.6.1.4.1.2011.5.25.219.2.14.1 CPU utilization exceede
d the pre-alarm threshold.(Index=9, HwEntityPhysicalIndex=9, PhysicalName="SRU B
oard 0", EntityThresholdType=0, EntityThresholdWarning=80, EntityThresholdCurren
t=85, EntityTrapFaultID=144896)
```

图 3-37　设备中的告警状态

告警级别按严重程度从高到低分为 Critical、Major、Minor、Warning、Indeterminate、Cleared，在日常维护中，对于 Critical 和 Major 级别告警需要及时进行处理。

（二）协议故障排查

1. 设备无法正常登录

设备本体加固导致的故障主要出现在用户权限划分内容引起的设备无法正常登录，如某数据网路由器因本体安全加固导致本地 console 口无法登录，具体示例如图 3-38 所示。

```
local-user chao ji class manage.
password simple chaoji123!.
serverce-type ssh.
authorization-attribute user-role network-admin.

local-user caozuo class manage.
password simple caozuo123!.
serverce-type ssh.
authorization-attribute user-role network-operator.

local-user shenji class manage.
password simple shenji123!.
serverce-type ssh.
authorization-attribute user-role security-audit.
```

图 3-38　查看用户定义及权限分配

上述加固配置，按照调自〔2016〕102 号文《国调中心关于加强电力监控系统安全防护常态化管理的通知》要求，对厂站端路由器的用户账号与口令方面进行了安全加固，分别创建了管理员 chaoji、普通用户 caozuo 以及审计用户 shenji

对应的账户，并赋予了相应的权限。在此配置下，service-type ssh 命令仅赋予管理员、普通用和审计用户远程登录权限，并未配置本地登录权限，从而导致用户在通过本地 console 口无法登录路由器。解决此类故障方法如图 3-39 所示。

```
local-user chaoji class manage
password simple chaoji123!
service-type ssh terminal        //定义登录方式包含ssh和本地
authorization-attribute user-role network-admin

local-user caozuo class manage
password simple caozuo123!
service-type ssh terminal        //定义登录方式包含ssh和本地
authorization-attribute user-role network-oprator

local-user shenji class manage
password simple caozuo123!
service-type ssh terminal        //定义登录方式包含ssh和本地
authorization-attribute user-role security-audit
```

图 3-39　增加用户登录方式

2. 路由器 MPLS 协议故障

在如图 3-40 所示的拓扑环境中，LSRA 与 LSRB 之间 MPLS 故障，如图 3-41 所示。

图 3-40　网络拓扑环境

```
LARA的配置
#
sysname LSRA
#
mpls lsr-id 1.1.1.9
mpls
#
mpls 1dp
#
interface GigabitEthernet1/0/0
 ip address 10.1.1.1 255.255.255.252
 mpls
#
 interface LoopBack1
 ip adress 1.1.1.9 255.255
#
ospf 1
 area 0.0.0.0
   network 1.1.1.9 0.0.0.0
   network 10.1.1.0 0.0.0.3
```

```
LARB的配置
#
sysname LSRB
#
mpls lsr-id 2.2.2.9
mpls 1dp
#
interface GigabitEthernet1/0/0
 ip address 10.1.1.1 255.255.255.252
 mpls
 mpls 1dp
#
 interface LoopBack1
 ip adress 2.2.2.9 255.255
#
ospf 1
 area 0.0.0.0
   network 2.2.2.9 0.0.0.0
   network 10.1.1.0 0.0.0.3
```

图 3-41　路由器 LSRA 和 LSRB 部分配置

在 MPLS 的配置过程中，要想实现双方 mpls label 的正常交换，应在 MPLS 全局和相应参与 label 交换的互联接口上启用 MPLS ldp 协议，以完成 MPLS label 的正常分发。在上述配置中，路由器 A 在参与 label 交换的互联接口上未启用

MPLS ldp 协议，而路由器 B 在 mpls 全局模式下也应启用 MPLS ldp 协议。

3. 路由器 VRF 协议故障

路由器 R1 与 R2 部分配置如图 3-42 所示，路由器 R1 和 R2 之间的 vpn-2 无法正常通信。

```
sysname R1                                    sysname R2
#                                             #
ip vpn-instance vpn-1                         ip vpn-instance vpn-1
 ipv4-family                                   ipv4-family
   route-distinguisher 12345:2                   route-distinguisher 12345:2
   vpn-target 12345:200 xport-extcommunity      vpn-target 12345:200 xport-extcommunity
   vpn-target 12345:200 import-extcommunity     vpn-target 12345:200 import-extcommunity
#                                             #
ip vpn-instance vpn-2                         ip vpn-instance vpn-2
 ipv4-family                                   ipv4-family
   route-distinguisher 12345:1                   route-distinguisher 12345:1
 vpn-target 12345:200 export-extcommunity     vpn-target 12345:100 export-extcommunity
 vpn-target 12345:100 import-extcommunity     vpn-target 12345:100 import-extcommunity
```

图 3-42 路由器 R1 与 R2 部分配置

在这个 VPN-2 的 VRF 实例中（virtual routing forwarding），路由转发表的 RT 用于路由信息的分发,它分成 Import RT 和 Export RT，分别用于路由信息的导入、导出策略。在一个 VRF 中，在发布路由时使用 RT 的 export 规则，直接发送给其他的 PE 设备。在

```
sysname R1.
#.
 ip vpn-instance vpn-2.
  ipv4-family.
    route-distinguisher 12345:1.
 vpn-target 12345:100 export-extcomminity.
 vpn-target 12345:100 import-extcomminity.
```

图 3-43 修改路由器 R1 中的 RT 值

接收端的 PE 上，接收所有的路由，并根据每个 VRF 配置的 RT 的 import 规则进行检查，如果与路由中的 RT 属性匹配，则将该路由加入到相应的 VRF 中。因此在上个示例中，应做如图 3-43 所示修改。

二、调度数据网络故障排查

（一）厂站退出故障排查

1. 主站端排查方法

排查此类问题，建议主站端维护人员通过自上而下的排查方法，即从网络架构的高层往低层逐一排查，对故障进行定位。主站端排查导图如图 3-44 所示。注：本方法已排除传输问题为前提。

2. 厂站端排查方法

排查此类问题，建议现场维护人员通过自下而上的排查方法，即从网络架构的低层往高层逐一排查，对故障进行定位。厂站端排查导图如图 3-45 所示。注：本方法已排除传输问题为前提。

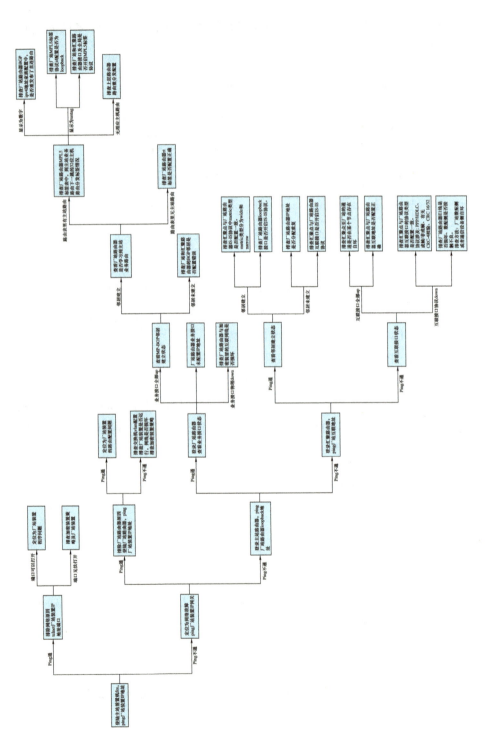

图 3-44　主站端排查导图

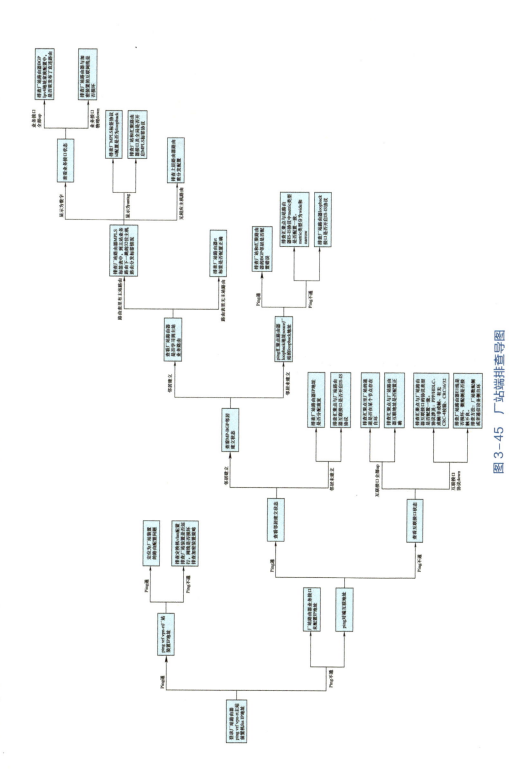

图3-45 厂站端排查导图

（二）路由器互联接口协议 down 问题（注：本方法结合传输问题分析）

厂站路由器至汇聚路由器的物理接线图如图 3-46 所示。

图 3-46　厂站路由器至汇聚路由器的物理接线图

1. 主站端端排查方法

主站端排查步骤图如图 3-47 所示。

2. 厂站端排查方法

厂站端排查步骤图如图 3-48 所示。

习　题

简述厂站路由器至汇聚路由器的物理接线结构。

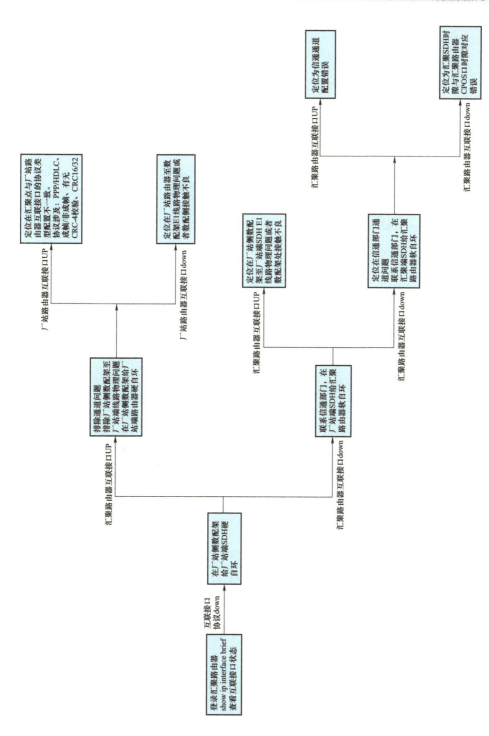

图 3-47 主站端排查步骤图

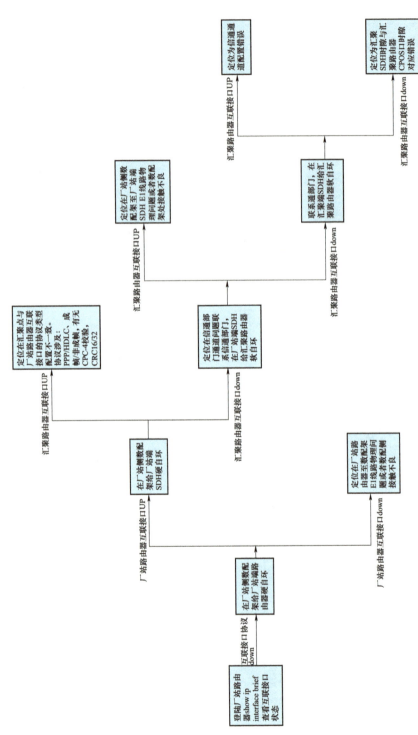

图 3-48　厂站端排查步骤图

第四章

电力监控系统及安全防护

第一节　电力监控系统安全防护整体介绍

学习目标

1. 了解调度数据网结构。
2. 电力监控系统安全防护相关规定。

知识点

电力监控系统安全防护

为保障电力监控系统的安全，防范黑客及恶意代码等各种形式的恶意破坏和攻击，特别是抵御集团式攻击，防止电力监控系统的崩溃或瘫痪，以及由此造成的电力设备事故或电力安全事故（事件）。根据发改委 14 号令《电力监控系统安全防护规定》，电力监控系统结构安全采用"安全分区、网络专用、横向隔离、纵向认证"的基本防护策略。

电力监控系统安全防护框架结构如图 4–1 所示。

（一）安全分区

安全分区是电力监控系统安全防护体系的结构基础，原则上划分为生产控制大区和管理信息大区。

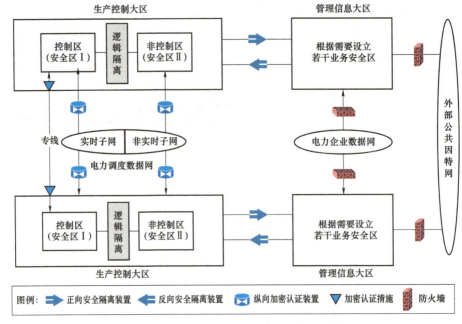

图4-1 电力监控系统安全防护框架结构

生产控制大区可以分为控制区（又称安全区Ⅰ）和非控制区（又称安全区Ⅱ）。控制区是电力生产的重要环节，在线运行且具备控制功能，直接实现对生产的实时监控，典型系统包括电力数据采集和监控系统、能量管理系统、广域相量测量系统、配电网自动化系统、变电站自动化系统、发电厂自动监控系统等，是安全防护的重点和核心；非控制区是电力生产的必要环节，在线运行但不具备控制功能，典型系统包括调度员培训模拟系统、水库调度自动化系统、继电保护及故障录波信息管理系统、电能量计量系统、电力市场运营系统等，与控制区的业务系统或其功能模块联系紧密。

管理信息大区是指生产控制大区以外的电力企业管理信息系统的集合，典型业务系统包括调度管理系统、行政电话网管系统、综合数据网等。电力企业可根据具体情况划分安全区，但不能影响生产控制大区的安全。

如果生产控制大区内个别业务系统或其功能模块（或子系统）需使用公用有线通信网络、无线通信网络以及处于非可控状态下的网络设备与终端等进行通信，其安全防护水平低于生产控制大区内其他系统时，允许设立安全接入区，典型业务系统或功能模块包括配电网自动化系统的前置采集模块（终端）、负荷管理系统、某些分布式电源控制系统等。

安全接入区的安全防护框架结构如图4-2所示。

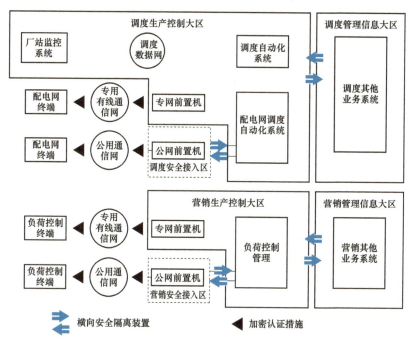

图 4-2　安全接入区的安全防护框架结构

电力监控系统安全区连接的拓扑结构有链式、三角和星形结构三种。链式结构中的控制区具有较高的累积安全强度，但总体层次较多；三角结构各区可直接相连，效率较高，但所用隔离设备较多；星形结构所用设备较少、易于实施，但中心点故障影响范围大。三种模式均能满足电力监控系统安全防护体系的要求，可根据具体情况选用。

电力监控系统安全区连接拓扑结构如图 4-3 所示。

（二）网络专用

电力调度数据网是为生产控制大区服务的专用数据网络，承载电力实时控制、在线生产交易等业务。

电力调度数据网应当在专用通道上使用独立的网络设备组网，采用基于 SDH/PDH 不同通道、不同光波长、不同纤芯等方式，在物理层面上实现与电力企业其他数据网及外部公共信息网的安全隔离。当采用 EPON、GPON 或光以太网络等技术时应当使用独立纤芯或波长。

电力调度数据网划分为逻辑隔离的实时子网和非实时子网，分别连接控制区和非控制区。

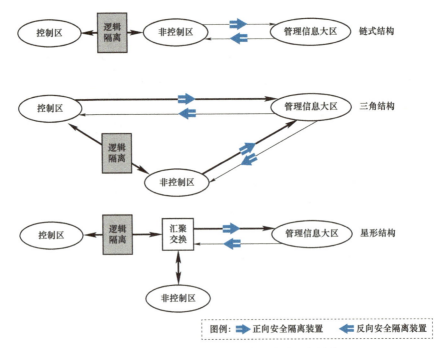

图4-3　电力监控系统安全区连接拓扑结构

（三）横向隔离

横向隔离是电力二次安全防护体系的横向防线，采用不同强度的安全设备隔离各安全区。

在生产控制大区与管理信息大区之间必须设置经国家指定部门检测认证的电力专用横向单向安全隔离装置，隔离强度应当接近或达到物理隔离。按照数据通信方向隔离装置分为正向型和反向型，正向型用于生产控制大区到管理信息大区单向数据传输，反向型用于从管理信息大区到生产控制大区单向数据传输。

大区内部的安全区之间应当采用具有访问控制功能的网络设备、防火墙或者相当功能的设施，实现逻辑隔离。

（四）纵向认证

纵向加密认证是电力监控系统安全防护体系的纵向防线，采用认证、加密、访问控制等技术措施实现数据的远方安全传输以及纵向边界的安全防护。

对于重点防护的调度中心、发电厂、变电站在生产控制大区与广域网的纵向连接处应当设置经过国家指定部门检测认证的电力专用纵向加密认证装置或者加密认证网关及相应设施，实现双向身份认证、数据加密和访问控制。

（五）网络安全监测

为保证及早发现并处置网络攻击、病毒感染等各类安全事件，需要将监测工作从网络边界前移至设备本体，以主机、数据库、交换机等为基础开展安全事件的监测。构建面向各级、各类电力监控系统的全方位网络安全监管体系。

电力监控系统网络安全监管体系如图4-4所示。

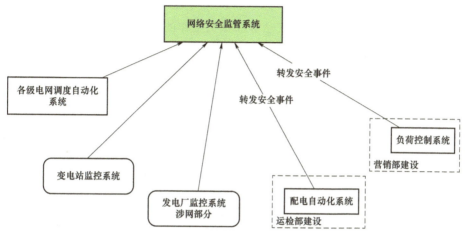

图4-4　电力监控系统网络安全监管体系图

在主站侧电力监控系统的安全Ⅰ、Ⅱ、Ⅲ区分别部署网络安全监测装置，采集服务器、工作站、网络设备和安全防护设备自身感知的安全事件，在安全Ⅰ、Ⅱ区部署数据网关机，接收并转发来自厂站的网络安全事件，在安全Ⅱ区部署网络安全监管平台，接收Ⅰ、Ⅱ、Ⅲ区的采集信息以及厂站的安全事件，实现对网络安全事件的实时监视、集中分析和统一审计。

在变电站、并网电厂电力监控系统的安全Ⅱ区内部署网络安全监测装置，采集变电站站控层和发电厂涉网区域的服务器、工作站、网络设备和安全防护设备的安全事件，并转发至调度端网络安全监管平台的数据网关机。同时，支持网络安全事件的本地监视和管理。

（六）电力调度数字证书

电力调度数字证书系统是基于公钥技术的分布式的数字证书系统，主要用于生产控制大区，为电力监控系统及电力调度数据网上的关键应用、关键用户和关键设备提供数字证书服务，实现高强度的身份认证、安全的数据传输以及可靠的行为审计。

电力调度数字证书应当经过国家有关检测机构检测认证，符合国家相关安全要求，分为人员证书、程序证书、设备证书三类。人员证书指用户在访问系统、进行操作时对其身份进行认证所需要持有的证书；程序证书指关键应用的模块、进程、服务器程序运行时需要持有的证书；设备证书指网络设备、安全专用设备、服务器主机等，在接入本地网络系统与其他实体通信过程中需要持有的证书。

（七）综合防护

综合防护是结合国家信息安全等级保护工作的相关要求对电力监控系统从物理环境、设备加固、恶意代码防范、入侵监测、应用安全控制、审计、备份及容灾等多个层面进行信息安全防护。

（八）等级保护

根据不同安全区域的安全防护要求，确定其安全等级和防护水平。生产控制大区的安全等级高于管理信息大区，系统定级按《电力行业信息系统安全等级保护定级工作指导意见》进行定级，具体等级标准见表4-1。

表4-1　　　　　　　　　电力监控系统安全等级保护标准

类别	定级对象	系统级别	
		省级以上	地级及以下
电力监控系统	能量管理系统［具有数据采集与监视控制系统（SCADA）、自动发电控制（AGC）、自动电压控制（AVC）等控制功能］	4	3
	变电站自动化系统（含开关站、换流站、集控站）	220kV及以上变电站为3级，以下为2级	
	火电厂监控（含燃气电厂）系统DCS（含辅机控制系统）	单机容量300MW及以上为3级，以下为2级	
	水电厂监控系统	总装机1000MW及以上为3级，以下为2级	
	水电厂梯级调度监控系统	3	
	核电站监控系统DCS（含辅机控制系统）	3	
	风电场监控系统	风电场总装机容量200MW及以上为3级，以下为2级	
	光伏电站监控系统	光伏电站总装机容量200MW及以上为3级，以下为2级	
	电能量计量系统	3	2
	广域相量测量系统（WAMS）	3	无
	电网动态预警系统	3	无
	调度交易计划系统	3	无
	水调自动化系统	2	

类别	定级对象	系统级别	
		省级以上	地级及以下
电力监控系统	调度管理系统	2	
	雷电监测系统	2	
	电力调度数据网络	3	2
	通信设备网管系统	3	2
	通信资源管理系统	3	2
	综合数据通信网络	2	
	故障录波信息管理系统	3	
	配电监控系统	3	
	负荷控制管理系统	3	
	新一代电网调度控制系统的实时监控与预警功能模块	4	3
	新一代电网调度控制系统的调度计划功能模块	3	2
	新一代电网调度控制系统的安全校核功能模块	3	2
	新一代电网调度控制系统的调度管理功能模块	2	

电力监控系统安全等级保护测评有自测评、检查测评、上线前测评和产品形式安全测评四种工作形式。四级系统每年进行两次信息系统等级保护测评；三级系统每年进行一次信息系统等级保护测评；二级系统应定期开展自测评，根据情况每两年开展一次检查测评工作。

（九）安全管理制度

国家能源局及其派出机构负责电力监控系统安全防护的监管，组织制定电力监控系统安全防护技术规范并监督实施。国家能源局信息中心负责承担电力监控系统安全防护监管的技术支持。电力企业应当按照"谁主管谁负责，谁运营谁负责"的原则，建立电力监控系统安全管理制度，将电力监控系统安全防护及其信息报送纳入日常安全生产管理体系，各电力企业负责所辖范围内电力监控系统的安全管理。各相关单位应当设置电力生产监控系统的安全防护小组或专职人员。

习　题

1. 描述调度数据网双平面结构。
2. 描述电力监控系统安全区拓扑结构。
3. 描述电力监控系统安全等级保护测评工作形式。

第二节　纵向加密装置的配置

学习目标

1. 了解纵向加密装置原理。
2. 掌握常用纵向加密装置配置方法。

知 识 点

一、纵向加密认证装置基本介绍

（一）纵向加密装置基本原理

纵向加密认证装置用于生产控制大区的广域网边界防护，为本地生产控制系统提供一个网络屏障，类似包过滤防火墙的功能；为生产控制大区的纵向数据传输业务（如远动、同步测量、电能量计量等）提供认证与加密功能，实现数据传输的机密性、完整性保护。

纵向加密认证装置通常部署于电力监控系统的内部局域网与电力调度数据网路由器之间，按照"分级管理"要求，纵向加密装置部署在各级调度中心及下属的各厂站，根据电力调度通信关系建立加密隧道（原则上只在上下级之间建立加密隧道），即省调与地调及所管辖场站建立加密隧道，地调与县调及所辖场站建立加密隧道，场站之间一般不建立加密隧道，加密隧道拓扑结构是部分网状结构，如图4-5所示。

（二）加密技术

1. 对称加密技术

对称加密算法又称为传统密码算法该算法的加密密钥和解密密钥使用的是相同算法，即如果已知加密密钥便可以推算出解密密钥。同理，解密密钥也可以推算出加密密钥。将这种算法称为单密钥算法。通信双方进行安全通信前，必须商定一个密钥。该算法的安全性取决于密钥的保密程度，如果密钥的泄露则意味着第三方可以对信息进行解密从而导致消息泄露。对称加密技术工作原理如图4-6所示。

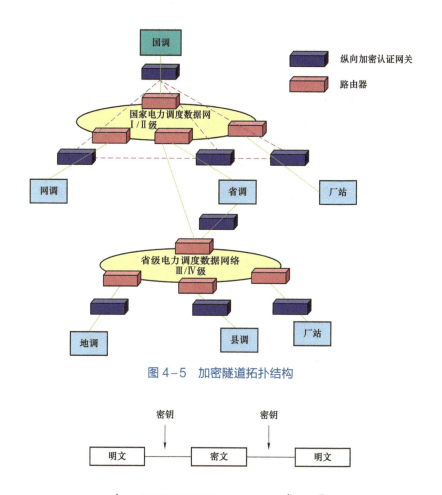

图 4-5 加密隧道拓扑结构

图 4-6 对称加密技术工作原理

（1）A 向 B 发送消息，共同使用了一把密钥。

（2）A 通过密钥对发送的明文数据包进行加密发送给 B。

（3）B 收到密文数据包后，通过密钥来解密获得相应的明文数据包。

算法特点如下：

1）对称加密算法的特点是算法公开、计算量小、加密速度快、加密效率高。

2）不足之处是，交易双方都使用同样钥匙，难以保证安全性。此外，每当用户使用对称加密算法时，都需要利用其他人不知道的唯一钥匙，这会使得发收信双方所拥有的钥匙数量呈几何级数增长，密钥管理成为用户的主要负担。

对称加密算法在分布式网络系统上使用较为困难，其主要原因为密钥管理困难，使用成本较高。相比于公开密钥加密算法，对称加密算法虽能够提供加密和认证功能，但却缺乏了签名功能，使得应用范围有所缩小。

2. 非对称加密技术

（1）非对称加密算法需要两个密钥：公开密钥（publickey）和私有密钥（privatekey）。公开密钥与私有密钥是一对，如使用公开密钥对数据进行加密，只有对应的私有密钥才能解密；如果用私有密钥对数据进行加密，那么只有用对应的公开密钥才能解密。由于加密和解密使用的是两个不同的密钥，因此这种算法称为非对称加密算法。非对称加密算法实现机密信息交换的基本过程是：甲方生成一对密钥并将其中的一把作为公用密钥向其他方公开；得到该公用密钥的乙方使用该密钥对机密信息进行加密后再发送给甲方；甲方再用自己保存的另一把专用密钥对加密后的信息进行解密。

（2）非对称加密技术工作原理如图4-7所示。

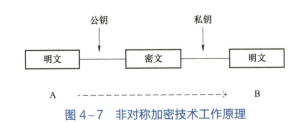

图4-7 非对称加密技术工作原理

A向B发送信息，A和B都要产生一对用于加密和解密的公钥和私钥。

A的私钥保密，A的公钥告诉B；B的私钥保密，B的公钥告诉A。

A要给B发送信息时，A用B的公钥加密信息，因为A知道B的公钥。

A将这个消息发给B（已经用B的公钥加密消息）。

B收到这个消息后，B用自己的私钥解密A的消息。其他所有收到这个报文的人都无法解密，因为只有B才有B的私钥。

算法特点如下：

非对称加密与对称加密相比，其安全性更高：对称加密的通信双方使用相同的秘钥，如果一方的秘钥遭泄露，那么整个通信就会被破解。而非对称加密使用一对秘钥，一个用来加密，一个用来解密，并且公钥是公开的，秘钥是自己保存的，不需要像对称加密那样在通信之前要先同步秘钥。

非对称加密的缺点是加密和解密耗时长、速率低，只适合对少量数据进行加密。

3. 散列算法

在信息安全技术中，经常需要验证消息的完整性，散列（Hash）函数提供了这一服务，它对不同长度的输入消息，产生固定长度的输出。这个固定长度的输出称为原输入消息的"散列"或"消息摘要"（Message digest）。典型的哈希算法包括 MD4、MD5 和 SHA-1。哈希算法也称为"哈希函数"。

纵向加密认证装置成对使用，双方分别持有本端设备私钥和对端设备公钥，通信双方的通信过程分为两个部分：① 双方利用非对称加密技术及散列算法协商建立加密隧道，得到对称秘钥；② 使用对称加密算法对需要传输的报文进行密文传输。

纵向加密认证装置实现方式如图 4-8 所示。

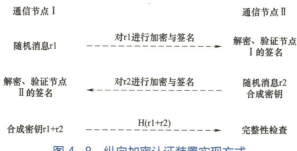

图 4-8　纵向加密认证装置实现方式

（1）节点 I 产生随机数 r1，用 II 的公钥对 r1 进行加密，同时用自己的私钥进行签名，作 A=Ecert2（r1）‖Eskey1［H（r1）］，将 A 发给通信节点 II。

（2）节点 II 收到 A 后，用自己的私钥解密并验证 I 的签名；如果验证签名成功，产生随机数 r2，用 I 的公钥对 r2 进行加密，同时用自己的私钥进行签名，作 B=Ecert（r2）‖Eskey2［H（r1r2）］，将 B 发给加点 I。

（3）节点 I 对 B 用自己的私钥进行解密并验证 II 的签名，如果验证签名成功，合成会话密钥 DK=r1r2，并作哈希运算 C=H（r1r2）发给通信节点 II。

（4）节点 II 同样对合成密钥作哈希运算，作 D=H（r1r2），比较 C 与 D 是否相同，如果相同，则密钥协商与认证完成，进入正常通信阶段。

二、纵向加密装置配置说明

本教材以南瑞纵向加密装置为例进行介绍。

（1）南瑞纵向加密装置登录配置（见图 4-9、图 4-10）。将调试电脑配置 IP 地址 11.22.33.43，与纵向加密装置管理地址（11.22.33.44）在相同网段。

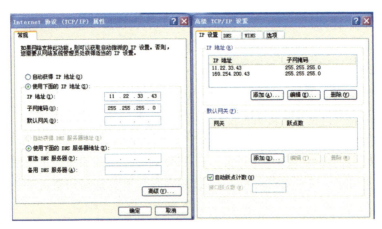

图 4-9 调试机网络配置

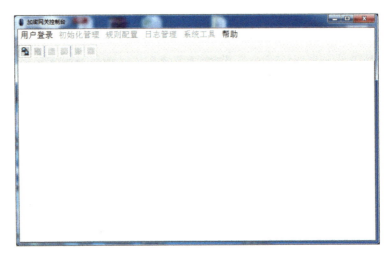

图 4-10 加密网关控制台

（2）新设备初次登录，会提示"初始化失败，请上传操作员证书"，如图4-11所示。

图 4-11 初始化失败

主操作员 key 的制作：点击【初始化管理】→【初始化网关】，如图 4-12所示。

图 4-12　初始化加密网关

选择【主操作员卡】，点击【密钥生成】，如图 4-13 所示。

图 4-13　主操作员卡密钥生成

点击【生成证书请求】，根据各地规范填写相关信息，导出证书请求，保存至本地，如图 4-14 所示。

图 4-14　生成主操作员证书请求

（3）设备证书请求的导出。

1）点击【初始化管理】→【初始化网关】，如图 4-15 所示。

图 4-15　初始化加密网关

2）选择【加密卡】或者【sm2 加密卡】，点击【密钥生成】，如图 4-16 所示。

图 4-16　加密卡密钥生成

3）点击【生成证书请求】，填写相关信息后将证书请求保存至本地，如图 4-17 和图 4-18 所示。

图 4-17　生成加密卡证书请求

图 4-18 保存加密卡证书请求到本地

（4）上传证书。点击【初始化管理】→【证书管理】→ 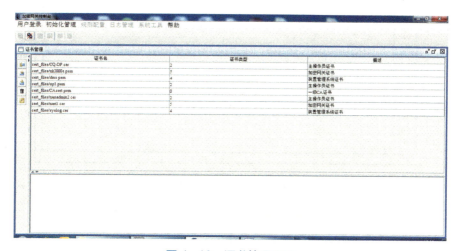，如图4-19所示。

图 4-19 证书管理界面

导入主操作员证书，如图 4-20 所示。

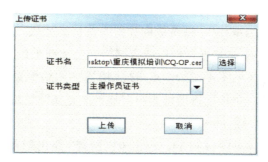

图 4-20 导入主操作员证书

同样方法，导入主站加密装置证书和主站装置管理证书。

（5）配置管理地址（见图4-21）。

1）点击规则配置-远程管理，新增两条规则，一条用于日志审计，证书可忽略；一条用户装置管理，证书要选择管理装置证书或网络安全管理平台证书。

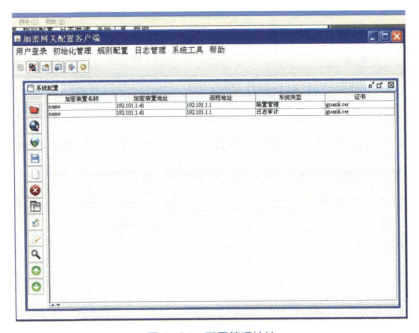

图4-21 配置管理地址

2）加密装置名称：根据需要进行描述，建议不用中文。

3）加密装置地址：加密装置自身IP地址。

4）远程地址：装置管理机地址或者网络安全管理平台（日志服务）地址。

5）系统类型：

a. 若选择"装置管理"，则是纵向加密装置管控配置；

b. 若选择"日志审计"，则是纵向加密装置日志配置。

6）证书：选择主站装置管理机或者网络安全管理平台的证书。

（6）网络配置（见图4-22）。点击规则配置-网络配置，分别选择eth1和eth2口为内外网口，桥接配置地址为纵向加密装置实际地址，接口描述必须与桥接配置中桥名称一致（bri）。

（7）路由配置（见图4-23）。点击规则配置-路由配置，添加网络接口、目的网段、目的网段掩码和网关地址等，点击上传。

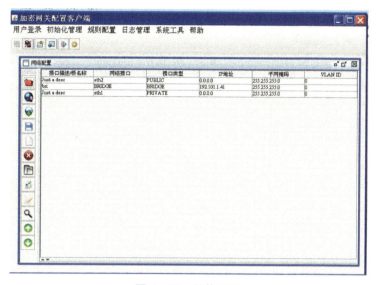

图 4-22 网络配置

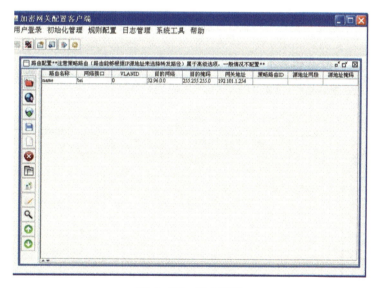

图 4-23 路由配置

（8）隧道配置（见图 4-24）。点击规则配置-隧道配置，添加隧道本端、对端地址以及对端装置证书。

隧道本端地址：本端纵向加密装置网口地址；

隧道对端地址：对端纵向加密装置网口地址；

对端装置证书：导入对端纵向加密装置设备证书，证书名称与上传证书名称要一致。

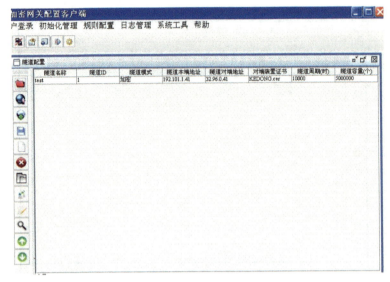

图 4-24 隧道配置

（9）策略配置（见图 4-25）。点击规则配置-策略配置，按照业务要求增加策略。

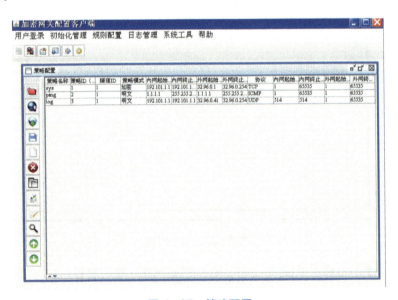

图 4-25 策略配置

（10）桥接配置（见图 4-26）。点击规则配置-桥接配置。

注意接口配置正确，桥名称必须与网络配置中接口描述一致。网卡 ID 计算方法：如 ETH1 口和 ETH2 口，则为 $2+2^2=6$。

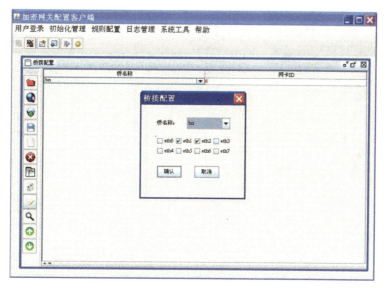

图 4-26　桥接配置

（11）透传配置（见图 4-27）。点击规则配置-透传配置，根据要求新增透传策略。

为了网络安全管理平台可以管理厂站的纵向加密装置，应在主站纵向加密装置中开启 253.254 协议号。

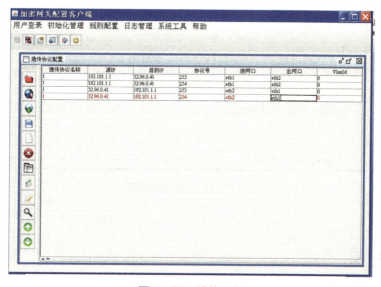

图 4-27　透传配置

（12）查看隧道（见图 4-28 和图 4-29）。配完重启纵向，查看隧道是否建立，如建立应是彩色的。

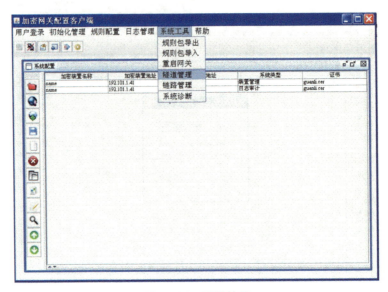

图 4-28　隧道管理

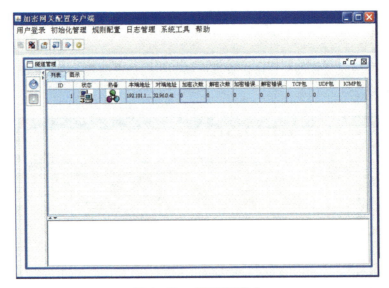

图 4-29　查看隧道状态

习　题

1. 纵向加密装置的作用是什么？

2. 在数字信封中，综合使用对称加密算法和公钥加密算法的主要原因是什么？

第三节　防火墙的配置

学习目标

1. 了解防火墙的基本原理。
2. 掌握常用防火墙的配置要求。

知识点

一、防火墙基本原理

防火墙是在两个网络通信时执行的一种访问控制尺度，能最大限度阻止网络中的黑客访问你的网络，是设置在不同网络（如可信任的企业内部网和不可信的公共网）或网络安全域之间的一系列部件的组合。它是不同网络或网络安全域之间信息的唯一出入口，能根据企业的安全政策控制（允许、拒绝、监测）出入网络的信息流，且本身具有较强的抗攻击能力，提供信息安全服务，实现网络和信息安全的基础设施。在逻辑上，防火墙是一个分离器，一个限制器，也是一个分析器，有效地监控了内部网和 Internet 之间的任何活动，保证了内部网络的安全。

（一）静态包过滤

静态包过滤防火墙是第一代防火墙，其主要工作在 OSI 模型或 TCP/IP 的网络层。静态包过滤防火墙依据系统事先制定好的过滤逻辑，即静态规则，检查数据流中的每个数据包，根据数据包的源地址、目的地址、源端口号、目的端口号、数据的对话协议及数据包头中的各个标志位等因素或它们的组合来确定是否允许该数据包通过。

静态包过滤技术是根据定义好的过滤规则审查每个数据包，并确定数据包是否与过滤规则匹配。如果过滤规则允许通过，那么该数据包就会按照路由表中的信息被转发。如果过滤规则拒绝数据包通过，则该数据包就会被丢弃。

（二）状态检测防火墙

状态检测防火墙又称为动态包过滤防火墙，是对传统包过滤的功能扩展。

传统的包过滤在遇到利用动态端口的协议时会发生困难（如 FTP 协议在执行时会启用新的端口号），因为事先无法知道哪些端口需要打开。而如果采用静态包过滤防火墙，又希望用到此服务的话，就需要将所有可能用到的端口打开，而这往往是个非常大的范围，会给网络安全带来不必要的隐患。而状态检测通过检查应用程序信息，来判断此端口是否允许临时打开，而当传输结束时，端口又马上恢复为关闭状态。

状态检测防火墙实质上也是包过滤，但它不仅对 IP 包头信息进行检查过滤，还要检查包的 TCP 头甚至包的内容。同时，引入了动态规则的概念，允许规则的动态变化。状态防火墙通过采用状态监视器，对网络通信的各层（包括网络层、传输层以及应用层）实施检测，抽取其中部分数据，形成网络连接的动态状态信息，并保存起来作为以后制定安全决策的参考。通过记录网络上两台主机间的会话建立信息来保留连接的状态，防火墙可以判断从公共网络上返回的包是否来自于可信主机。

状态检测防火墙可以根据实际情况，自动地生成或删除安全过滤规则，不需要管理人员手工设置。状态检测防火墙通过对数据包进行数据抽取并记录状态信息，不仅包括数据包的源地址、源端口号、目的地址、目的端口号、使用协议等五元组，还包括会话当前的状态属性、顺序号、应答标记、防火墙的执行动作及最新报文的寿命等信息，甚至针对不同协议的状态，记录不同的表现情况，常见的有 TCP 状态、UDP 状态和 ICMP 状态。通过对 TCP 报文的顺序号字段的跟踪监测，防止攻击者利用已经处理的报文的顺序号进行重放攻击。

（三）电路级网关防火墙

电路网关防火墙，又称为电路级网关，是一个通用代理服务器，它工作于 OSI 互连模型的会话层或 TCP/IP 模型的 TCP 层，它适用于多个协议，但不能识别在同一协议栈上运行的不同的应用，当然也就不需要对不同的应用设置不同的代理模块，这种代理需要对客户端进行适当的修改。电路网关防火墙监视主机建立连接时的各种数据，查看数据是否合乎逻辑、会话请求是否合法。一旦连接建立，网关只负责数据的转发而不进行过滤，即电路级网关用户程序只在初次连接时进行安全控制。

电路级网关接受客户端的连接请求，代表客户端完成网络连接，建立起一个回路，将数据包提交给用户的应用层来处理。通过电路级网关传递的数据源于防火墙，隐藏了被保护网络的信息。

（四）应用级网关防火墙

应用级网关防火墙通常也称为应用代理服务器，它工作于 OSI 模型或者 TCP/IP 模型的应用层，用来控制应用层服务，起到外部网络向内部网络或内部网络向外部网络申请服务时的转接作用。当外部网络向内部网络申请服务时，内部网络只接受代理提出的服务请求，拒绝外部网络其他节点的直接请求。

当外部网络向内部网络请求服务时，对用户的身份进行验证，若为合法用户，则把请求转发给某个内部网络的主机，同时监控用户的操作，拒绝不合法的访问；当内部网络向外部网络申请服务时，代理服务器的工作过程正好相反。

（五）自适应代理防火墙

为了解决代理型防火墙速度慢的问题，出现了所谓"自适应代理"特性的防火墙。自适应代理防火墙主要由自适应代理服务器与动态包过滤组成，可以根据用户的配置信息，决定所使用的代理服务是从应用层代理请求，还是从网络层转发包。为了保证有较高的安全性，开始的安全检查在应用层进行，当明确了会话细节后，数据包可以直接由网络层转发。自适应代理防火墙还可以允许正确验证后的设备在发现重要的网络威胁时，根据防火墙管理员事先确定的安全策略，自动"适应"防火墙的级别。

（六）混合防火墙

随着网络技术和网络产品的发展，目前几乎所有主要的防火墙厂商都以某种方式在其产品中引入了混合性，即混合了包过滤和代理防火墙的功能。例如，很多应用代理网关防火墙厂商实施了基本包过滤功能以提供对 UDP 应用更好的支持。同样，很多包过滤或状态检查包过滤防火墙厂商实施了基本应用代理功能以弥补此类防火墙平台的一些弱点。在很多情况下，包过滤或状态检查包过滤防火墙厂商实施应用代理，以便在其防火墙中增加或改进网络流量日志和用户鉴别的功能。混合防火墙还可以提供多种安全功能，例如：包过滤（无状态/有状态）、NAT 操作、应用内容过滤、透明防火墙、防攻击、入侵检测、VPN、安全管理等。

防火墙支持包括透明模式、路由模式、混合模式和旁路模式在内的多种部署方式。透明模式主要用于数据流的二层转发；路由模式可以让工作在不同网段之间的主机以三层路由的方式进行通信；混合模式指同时工作在透明模式和路由模式两种模式下，能够同时实现数据流的二层转发和三层路由功能。

二、防火墙配置说明

本教材以迪普产品为例进行介绍。

（一）工作机制

1. 二层和三层转发的工作机制

迪普防火墙设备的接口可以配置为二层和三层模式。支持二层和三层转发、二层和三层混合转发。如果设备接收到的报文目的 MAC 地址为本机 MAC，则通过设备的 VLAN 接口/三层物理口进行三层转发；若设备接收到的报文目的 MAC 地址为非本机 MAC，则设备通过二层接口进行二层转发。

迪普防火墙设备的二层物理口有 Trunk 和 Access 两种模式。通过设备二层（数据链路层）的 Trunk 链路，可以实现将用户的原始数据加上 VLAN Tag，通过 Trunk 链路，可以实现在同一条链路上传输多种 VLAN Tag 的数据。

2. 安全域的工作机制

迪普防火墙通过安全域来实现默认的安全机制，安全域基于接口进行访问控制。默认情况下，设备具有三个安全域，分别为"Trust"（用于放置内网 PC、内网设备、内网服务器）、"Untrust"（面向公网环境）、"DMZ"（用于放置公网映射的服务器）。这三个安全域的优先级无法更改。当然，用户也可以自定义配置安全域及优先级。在未配置任何安全策略的情况下，较高优先级的安全域可以访问较低优先级的安全域，较低优先级的安全域无法访问较高优先级的安全域。用户在使用过程中请注意安全域默认规则，规则如下：

（1）优先级高的安全域默认可以访问低优先级安全域，包过滤中无须放通。

（2）低优先级的安全域默认不可以访问高优先级安全域，如果需要访问，则包过滤中必须配置相应放通策略。

（3）同在 Trust 安全域或同在 DMZ 安全域，默认可以相互访问，包过滤中无需要放通。

（4）优先级相同，安全域名字不同，默认不可相互访问，如果需要访问，则包过滤中必须配置相应放通策略。

（二）登录防火墙设备 Web 界面

通过配置主机（地址为 192.168.0.10/24）登录设备 Web 界面（地址为 192.168.0.1/24）。

配置计算机地址与防火墙设备为同一网段。右键单击【网上邻居】→选择【属性】→右键单击【本地连接】→选择【属性】，在弹出的"本地连接属性"

中双击"Internet 协议（TCP/IP）"，修改 HostA IP 地址为 192.168.0.10/24，如图 4-30 所示。

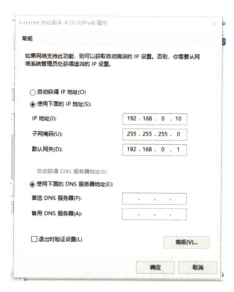

图 4-30 配置机 IP 地址配置

打开 IE 浏览器，输入设备默认地址 192.168.0.1/24 访问设备 Web 页面，如图 4-31 所示。

图 4-31 防火墙登录界面

（三）组网配置

设备所有物理接口的配置都在组网配置模块中，包括接口的工作模式及对应的接口的类型、接口描述、IP 配置、VLAN 配置、开启或关闭接口和生效 IP/MAC 地址信息。

选择【基本】→【接口管理】→【组网配置】，进入组网配置页面，如图 4-32 所示。

图 4−32　组网配置

设备接口的工作模式可配置为二层接口和三层接口。

二层接口需要进行所属 VLAN 和默认 VLAN 的配置，如果不进行配置，系统会自动配置为"所属 vlan：1 默认 vlan：1"。

设备的三层物理接口分为管理口和业务口。管理口只做管理设备使用，不能转发业务数据，从而避免接口异常导致无法管理设备的情况。业务口包括 LAN 和 WAN 两种类型，作用基本相同，一般把 LAN 口用在局域网内部，把 WAN 口用在局域网出口。

三层接口需要进行 IP 设置，其获取 IP 地址的方法有如下四种：① 静态 IP，手动配置 IP 地址和掩码，支持 IPv4 和 IPv6 地址。其中，添加和删除操作只对 IPv4 从地址和 IPv6 地址有效；② PPPoE 通过用户名和密码认证，获取 IP 地址；③ DHCP 通过局域网中的 DHCP 服务器获取 IPv4 地址；④ DHCPv6 通过 DHCPv6 服务器获取 IPv6 地址。

配置操作完成后，需点击页面右上方的〈确认〉按钮，使配置生效。

（四）安全域配置

设备通过安全域来实现默认的安全机制，安全域基于接口进行访问控制。默认情况下，设备具有三个安全域，分别为 Trust（用于放置内网 PC、内网设备、内网服务器）、Untrust（面向公网环境）、DMZ（用于放置公网映射服务器）。

这三个安全域的优先级无法更改。当然，用户也可以自定义安全域及优先级。在未配置任何安全策略的情况下，较高优先级的安全域可以访问较低优先级的安全域，较低优先级的安全域无法访问较高优先级的安全域。未配置任何安全策略的情况下，同样安全级别的两个安全域之间无法互访。

选择【基本】→【对象管理】→【安全域】，进入安全域配置页面，如图4-33所示。

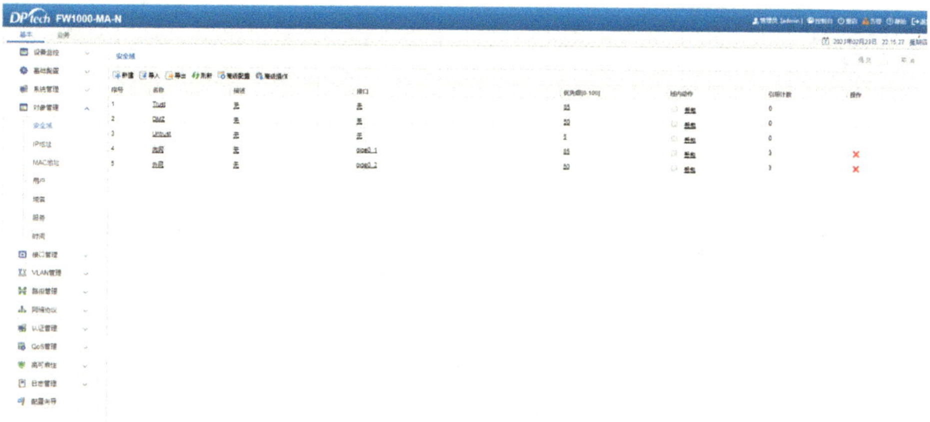

图4-33　安全域配置

高级配置→域间/域内动作：

高优先级到低优先级通过：即设备默认的域间动作。

全部通过：各安全域间可以互相访问，没有安全域优先级高低之分。

全部丢包：各安全域间不可互相访问。

域内动作：用户可以选择在该安全域内是否丢包。如果选择丢包，即安全域内的各个接口法互相访问。如果不选择丢包，则该安全域内的各个接口可以互相访问。

（五）静态路由配置

静态路由是一种由网络管理员手动配置路由信息，而不是通过报文动态学习路由信息的路由形式。常与其他单播路由共同使用来增加设备的路由能力以及提供路由备份。具有保密性高、节省带宽的优点。

与动态路由不同，静态路由是固定的，不会随着网络拓扑变化自动更新。当网络拓扑发生变化后，静态路由需要由网络管理员手动更改路由信息，否则会影响网络的正常运行。

设备静态路由模块包括配置静态路由和健康监测两个子模块。用户可以手动配置静态路由，也可以批量配置静态路由，同时可以查询设备上已有的静态路由信息。而健康监测的作用则是通过配置健康监测策略，对静态路由的运行状况进行检查。

选择【基本】→【路由管理】→【单播 IPv4 路由】→【静态路由】→【配置静态路由】，进入静态路由配置页面，如图 4-34 所示。

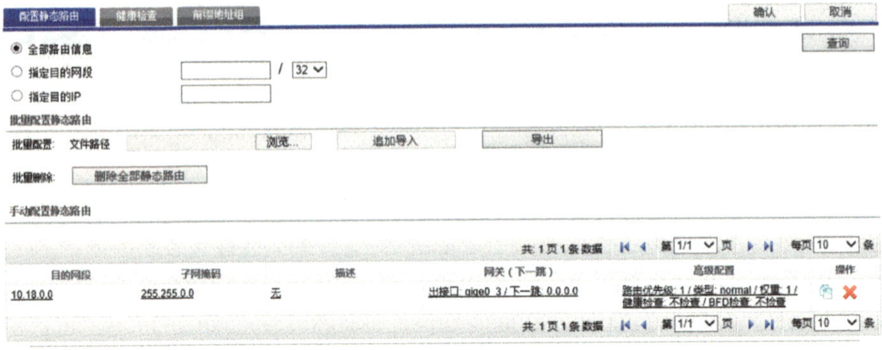

图 4-34 配置静态路由

查询静态路由功能的查询条件包括全部路由信息、指定目的网段、指定目的 IP。用户可以根据实际需求通过查询条件查询静态路由信息，查询到的静态路由信息显示在手动配置静态路由列表中。

批量配置静态路由的功能包括导入、导出和删除全部静态路由。

手动配置静态路由列表参数说明如下：

（1）目的网段：静态路由的目的网段。

（2）子网掩码：目的网段子网掩码。

（3）描述：静态路由描述信息。

（4）网关（下一跳）：静态路由出接口和下一跳地址。

高级配置：包括路由优先级、路由类型、路由权重、健康检查、BFD 检查。高级配置中的路由类型有如下选项：

（1）normal：默认配置，表示可达路由。

（2）reject：带有 reject 关键字的路由报文被丢弃，并且通知源主机。

（3）blackhole：带有 blackhole 关键字的路由报文被丢弃，并且不通知源主机。

（六）日志配置

日志包括系统日志、操作日志、诊断日志和业务日志。

系统日志配置：选择"日志管理"中的"系统日志"，选择"系统日志配置"，如图 4-35 所示，在"远程发送配置"中的"日志级别"中勾选所有级别，"远程主机地址"选择 192.1.2.92，即网络安全管理平台的地址，如在厂站则选择网路安全监测装置的地址，"本机主机地址"选择防火墙与平台相连的接口地址，即 192.1.2.250。其他日志，如图 4-36 和图 4-37 所示，与系统日志配置类似。

图 4-35　系统日志配置

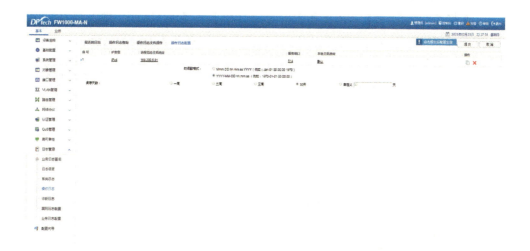

图 4-36　操作日志配置

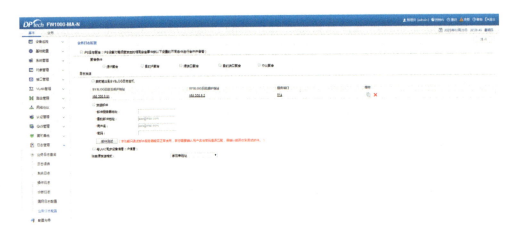

图 4-37 业务日志配置

（七）配置源 NAT 地址转换

源 NAT 方式属于多对一的地址转换，它通过使用"IP 地址+端口号"的形式进行转换，使多个私网用户可共用一个公网 IP 地址访问外网，因此是地址转换实现的主要形式，也称作 NAPT。源 NAT 模块包含三个功能特性：

（1）源 NAT 策略配置。

（2）地址池规则配置。

（3）端口块资源池配置。

选择【业务】→【NAT 配置】→【源 NAT】→【源 NAT】，进入源 NAT 策略配置页面，如图 4-38 所示。

图 4-38 源 NAT 策略配置

源 NAT 策略配置，如图 4-38 源 NAT 所示，其参数说明如下：

（1）序号：源 NAT 策略的序号。

（2）名称：源 NAT 策略的名称。

（3）出接口：源 NAT 策略的内网数据报文的出接口。

（4）发起方源 IP：源 NAT 策略的内网数据报文的源 IP 地址，可选择 Any

项或者通过 IP 地址、IP 地址组配置。IP 地址和 IP 地址组可通过源 NAT 策略列表内部弹窗或者"对象管理"页面自定义新建。

（5）发起方目的 IP：源 NAT 策略的内网数据报文的目的 IP 地址，可选择 Any 项或者通过 IP 地址、IP 地址组配置。IP 地址和 IP 地址组可通过源 NAT 策略列表内部弹窗或者"对象管理"页面自定义新建。

（6）服务：源 NAT 策略应用的服务类型。可通过源 NAT 策略列表内部弹窗或者"对象管理"页面自定义新建。

（7）公网 IP 地址（池）：内网源 IP 地址被转换的公网 IP 地址或地址池，可通过自定义新建。

（8）状态：显示此源 NAT 策略的状态，包括启用和禁用。

（9）操作：包括移动、增加、插入和删除四个功能。

配置的源 NAT 策略列表可以通过导入、导出功能实现保存和下载。点击 ＜导入＞按钮，＜选择文件＞选择要导入的文件路径，点击＜追加导入＞按钮，即可导入源 NAT 策略配置；点击＜导出＞按钮，可以保存当前源 NAT 策略配置。

（八）配置目的 NAT 地址转换

选择【业务】→【NAT 配置】→【目的 NAT】，进入目的 NAT 策略配置页面，如图 4-39 所示。

图 4-39　目的 NAT 策略配置

目的 NAT 策略配置参数说明如下：

（1）序号：目的 NAT 策略的序号。

（2）名称：目的 NAT 策略的名称。

（3）入接口：目的 NAT 策略的公网数据报文的入接口。

（4）公网 IP：公网 IP 地址。

（5）服务：匹配该目的 NAT 策略的服务类型。

（6）内网地址：公网用户访问内网的 IP 地址。

（7）高级配置：显示配置的内网端口。

（8）关联 IPv4 VRRP：关联的 VRRP 备份组。在 VRRP 方式的双机热备环境下，NAT 策略与 VRRP 组状态进行关联，只有 VRRP 为 Master 侧的地址池 IP 才会响应 ARP 信息，而其他 VRRP 状态的关联 NAT 不响应 ARP，用于避免双机环境下的 ARP 冲突。

（9）状态：启用或者禁用此源 NAT 策略。

（10）操作：包括移动、增加、插入和删除四个功能。

（九）配置静态 NAT 地址转换

一对一 NAT 是高级的目的 NAT，将内部服务器的私网 IP 通过静态的一对一 NAT 配置映射成公网 IP 地址。一对一 NAT 就是将内部私网服务器的所有服务都进行开放，允许公网用户通过公网 IP 地址进行访问。

选择【业务】→【NAT 配置】→【静态 NAT】→【一对一 NAT】，进入一对一 NAT 策略配置页面，如图 4-40 所示。

图 4-40 静态 NAT 地址转换配置

一对一 NAT 策略配置参数说明如下：

（1）序号：一对一 NAT 策略的序号。

（2）名称：一对一 NAT 策略的名称。

（3）公网接口：一对一 NAT 对应公网的接口。

（4）公网地址：公网 IP 地址。

（5）内网地址：内网的 IP 地址。

（6）关联 VRRP：关联的 VRRP 备份组。在 VRRP 方式的双机热备环境下，NAT 策略与 VRRP 组状态进行关联，只有 VRRP 为 Master 侧的地址池 IP 才会响应 ARP 信息，而其他 VRRP 状态的关联 NAT 不响应 ARP，用于避免双机环境下的 ARP 冲突。

（7）操作：包括排序、增加、插入和删除四个功能。

（十）配置安全策略

安全策略主要包括 IPv4 包过滤和 IPv6 包过滤，是指设备根据包过滤规则，通过检查数据流中每一个数据包的源 IP 地址、目的 IP 地址、源端口号、目的端口号、协议类型等因素或它们的组合来确定是否允许该数据包通过。用户通过定制各种包过滤规则，实现对数据包的基本安全防护。下面介绍一下 IPv4 包过滤策略的配置方法。

选择【Firewall Module】→【安全策略】→【IPv4 包过滤】→【IPv4 包过滤策略】，进入 IPv4 包过滤策略页面，如图 4−41 所示。

图 4−41　防火墙策略配置

IPv4 包过滤策略页面包括两个部分：功能图标和包过滤策略列表。包过滤策略配置列表各参数说明如下：

（1）ID：包过滤策略的 ID 号。

（2）组：包过滤策略所在的组。

（3）名称：包过滤策略的名称。

（4）源域：设置该 IPv4 包过滤策略作用的源域，默认包括 Untrust、Trust 和 DMZ，可通过包过滤策略列表内部弹窗选择或添加规则，或者"对象管理"页面自定义添加。

（5）目的域：设置该 IPv4 包过滤策略作用的目的域，默认包括 Untrust、Trust 和 DMZ，可通过包过滤策略列表内部弹窗选择或添加规则，或者"对象管理"页面自定义添加。

（6）源地址：设置该 IPv4 包过滤策略作用的源地址，可选择 Any 项或者通过 IP 地址、IP 地址组、域名配置。IP 地址、IP 地址组和域名可以通过包过滤策略列表内部弹窗或者"对象管理"页面自定义新建，具体参数配置方法参考"对象管理＞IP 地址"章节。

（7）目的地址：设置该 IPv4 包过滤策略作用的目的地址，可选择 Any 项或者通过 IP 地址、IP 地址组、域名配置。IP 地址、IP 地址组和域名可以通过包过滤策略列表内部弹窗或者"对象管理"页面自定义新建，具体参数配置方法可以参考"对象管理＞IP地址"章节。

（8）服务：设置该IPv4包过滤策略针对的服务对象，可通过包过滤策略列表内部弹窗或者"对象管理"页面自定义新建，具体参数配置方法可以参考"对象管理＞服务"章节。

（9）生效时间：包过滤策略的生效时间，默认为All-Time，可通过包过滤策略列表内部弹窗或者"对象管理"页面自定义新建，具体参数配置方法可以参考"对象管理＞时间对象"章节。

（10）动作：对匹配包过滤策略的报文所采取的动作，包括丢包、直接通过和高级安全业务，并可以选择是否发送命中日志或会话日志。

（11）命中：包过滤策略被匹配的次数。

（12）状态：启用或禁用包过滤策略。

（13）操作：包括排序、向上复制、向下复制和删除四个功能。

习 题

1. 防火墙的基本功能有哪些？
2. 简述防火墙的部署方式。

第四节　横向隔离装置的配置

学习目标

1. 了解横向隔离装置的原理、功能以及部署方式等。
2. 掌握 SysKeeper2000 正向隔离装置以及传输软件的配置方法。

知识点

一、物理隔离装置基本介绍

1. 功能概述

网络隔离，主要是指把两个或两个以上网络（如TCP/IP）通过不可路由的协议（如 IPX/SPX、NetBEUI 等）进行数据交换而达到隔离的目的。通过专用通信硬件和专有安全协议等安全机制，实现内外部网络的隔离和高速数据交换，有效地把内外部网络隔离开来，确保把有害的攻击隔离在可信网络之外，在保证可信网络内部信息不外泄的前提下，完成网间数据的安全交换。

从技术实现上，除了和防火墙一样对操作系统进行加固优化或采用安全操作系统外，关键在于要把外网接口和内网接口从一套操作系统中分离出来，也就是说至少要由两套主机系统组成，一套控制外网接口，另一套控制内网接口，然后在两套主机系统之间通过不可路由的协议进行数据交换，确保网间交换的只是应用数据。既然要达到网络隔离，就必须做到彻底防范基于网络协议的攻击，即不能够让网络层的攻击包到达要保护的网络中，所以就必须进行协议分析，完成应用层数据的提取，然后进行数据交换。

2. 部署方式

物理隔离装置通常部署于生产工控制大区和信息管理大区之间，或部署于安全接入区与生产控制大区之间。其中正向隔离装置实现由安全级别较高的往安全级别较低的大区传输数据流或文件，反向隔离装置实现由安全级别较低的往安全级别较高的大区传输纯文本或 E 语言格式文件，如图 4-42 所示。

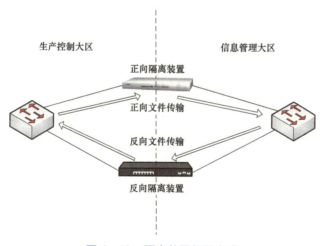

图 4-42 隔离装置部署方式

3. 技术原理

（1）正向隔离。

1）内网有文件要发出，正向隔离设备收到内网建立连接的请求之后，建立与内网之间的非 TCP/IP 协议的数据连接。正向隔离设备剥离所有的 TCP/IP 协议和应用协议，得到原始的数据，将数据写入隔离设备的存储介质，如图 4-43 所示。

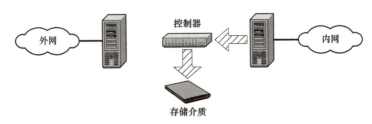

图 4-43　正向隔离装置传输流程 1

2）一旦数据完全写入隔离设备的存储介质，隔离设备立即中断与内网的连接。转而发起对外网的非 TCP/IP 协议的数据连接。隔离设备将存储介质内的数据推向外网。外网收到数据后，立即进行 TCP/IP 的封装和应用协议的封装，并交给系统，如图 4-44 所示。

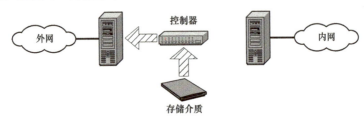

图 4-44　正向隔离装置传输流程 2

（2）反向隔离。

1）当外网需要有数据到达内网的时候，以电子邮件为例，外部的服务器立即发起对隔离设备的非 TCP/IP 协议的数据连接，隔离设备将所有的协议剥离，将原始的数据写入存储介质，如图 4-45 所示。

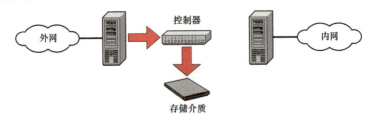

图 4-45　反向隔离装置传输流程 1

2）一旦数据完全写入隔离设备的存储介质，隔离设备立即中断与外网的连接。转而发起对内网的非 TCP/IP 协议的数据连接。隔离设备将存储介质内的数据推向内网。内网收到数据后，立即进行 TCP/IP 的封装和应用协议的封装，并交给应用系统，如图 4-46 所示。

每一次数据交换，隔离设备经历了数据的接收、存储和转发三个过程。由于这些规则都是在内存和内核中完成的，因此速度上有保证，可以达到 100% 的总线处理能力。物理隔离的一个特征，就是内网与外网永不连接，内网和外网在同一时间最多只有一个同隔离设备建立非 TCP/IP 协议的数据连接。其数据传输机制是存储和转发。物理隔离的好处是明显的，即使外网处在最坏的情况下，内网也不会有任何破坏，修复外网系统也非常容易。

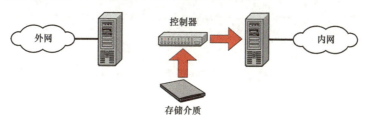

图 4-46　反向隔离装置传输流程 2

3）E 语言。E 语言是一种标记语言，具有标记语言的基本特点和优点，其所形成的实例数据是一种标记化的纯文本数据。E 语言通过少量的几个标记符号和描述语法，就可以简洁高效地描述电力系统各种简单和复杂数据模型，数据量越大，则效率越高，而且 E 语言更符合人们使用的自然习惯，计算机处理也更简单。

反向隔离装置在传输内容上要求传输的文件为 E 语言（电力系统数据标记语言）格式，并且文件带签名。

二、南瑞正向隔离装置配置

（1）装置登录。设置电脑的 IP 地址为 11.22.33.43/24，南瑞正向隔离配置口默认地址为 11.22.33.44/24，如图 4-47 所示。

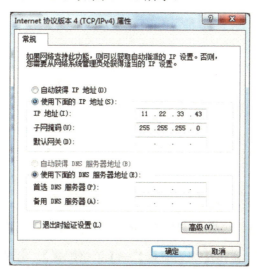

图 4-47　配置机 IP 地址配置

（2）连接设备的"内网 4"，电脑 ping 设备配置口的 IP 地址 ping 11.22.33.44　–1 996，如图 4–48 所示。

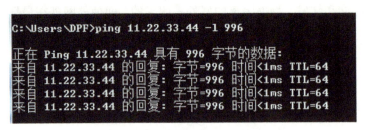

图 4–48　测试隔离装置连通性

（3）启动隔离装置配置软件 syskeeper.jar（正反向同一款），如图 4–49 所示。

图 4–49　启动隔离装置配置软件

（4）设备登录。点击【用户登录】→【登录】，输入用户名和密码，成功登录设备，如图 4–50 所示。

图 4–50　登录隔离装置配置软件

（5）规则配置。点击【规则配置】→【策略配置】，出现策略配置界面，如图 4–51 所示。

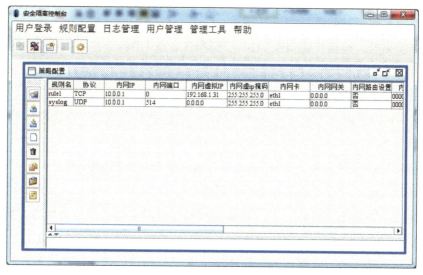

图4-51　规则配置界面

主要按钮介绍：上传配置，对配置完成的策略进行导入装置操作；

新建策略，点击后新建一条默认的策略；

删除资源，选择一条策略后，点击后此按钮删除；

编辑资源，选中一条策略后，点击此按钮后进行编辑，如图4-52所示。

图4-52　规则配置

规则名称：对此条规则进行描述。

协议类型：根据传输报文的协议选择 TCP 或 UDP。

内网配置：

IP 地址：内网主机 IP 地址。

端口：由于内网主机发送文件的端口一般没有特殊规定，发送端口号随机，故一般写 0。

虚拟 IP：内网主机的虚拟 IP 地址，最终会写到外网测网卡上。

网卡：选择内网测通过哪个网卡通信。

网关：如果在三层环境下，设备内网测与内网主机不在一个网段，此处填写设备内网测所在的网段的网关地址；如果是二层环境，默认为 0.0.0.0。

是否设置路由：内网测为二层环境，选择否；三层环境，选择是。

MAC 地址绑定：填写内网设备的 MAC 地址。

外网配置：

IP 地址：外网主机 IP 地址。

端口：根据分配给外网主机接受文件的端口，填写相应的端口号。

虚拟 IP：外网主机的虚拟 IP 地址，最终会写到内网测网卡上。

网卡：选择外网测通过哪个网卡通信。

网关：如果在三层环境下，设备外网测与外网主机不在一个网段，此处填写设备外网测所在的网段的网关地址。

是否设置路由：外网测为二层环境，选择否；三层环境，选择是。

MAC 地址绑定：填写外网设备的 MAC 地址。

三、南瑞正向隔离装置传输软件配置

1. 正向传输软件启动

启动南瑞正向传输软件，如图 4-53 所示。

2. 客户端软件配置

（1）点击【用户登录】→【登录】，弹出软件登录界面，默认密码为空，如图 4-54 所示，如有需求可以登录有进行密码的设置【用户登录】→【修改登录秘钥】，如图 4-55 所示。

（2）点击【任务设置】→【设置文件任务】，弹出任务设置对话框，如图 4-56 所示。

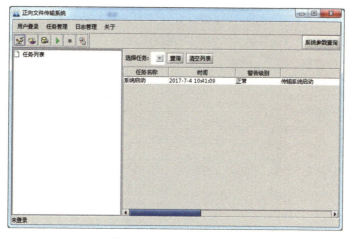

图 4-53 正向传输软件

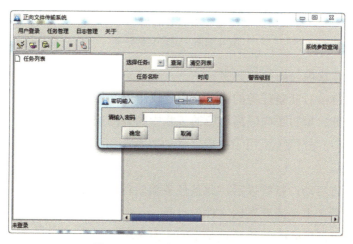

图 4-54 客户端软件用户登录

图 4-55 重置登录密码

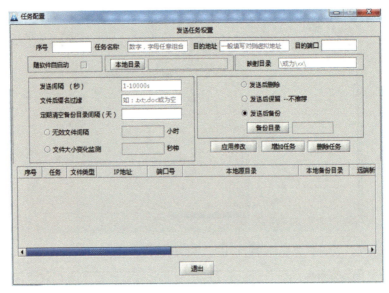

图 4-56 设置文件任务

序号：建议填写阿拉伯数字。

任务名称：对此条任务的描述，不建议用中文描述。

目的地址：填写正向隔离相应的策略中的外网虚拟地址。

目的端口：外网主机用于接受文件的监听端口，即正向隔离相应策略中外网配置的端口。

随软件自启动：打钩以后，此条任务随软件启动而自动启动。

本地目录：本地需要发送文件的目录。

映射目录：Windows 系统填\，Linux 系统填/。

发送间隔：软件对发送目录扫描的时间间隔。

文件后缀名过滤：只对规定的后缀名文件进行发送，一般正向传输不限制文件格式，故此处一般为空。

发送后删除：本地发送目录中文件发送以后被删除。

发送后保留：本地发送目录中文件发送后仍然保留存在。

发送后备份：本地发送目录中文件发送后被删除，但是会被保存至本地另外一个备份目录。

定期清空备份目录间隔（天）：对文件备份目录中×天前的文件进行清除，以避免备份目录中文件太多而占用过多的磁盘空间。

（3）点击【增加任务】后在软件主界面左侧，显示此条任务的各项参数，如图 4-57 所示。

图 4-57 任务显示

双击"Not Start"将启动本条任务，或者点击 也可启动任务，点击菜单栏中【任务管理】→【启动所有文件传输任务】将启动所有的任务。

3. 服务端软件配置

（1）点击【用户登录】→【登录】，弹出软件登录界面，默认密码为空，如图 4-58 所示，如有需求可以登录有进行密码的设置【用户登录】→【修改登录秘钥】，如图 4-59 所示。

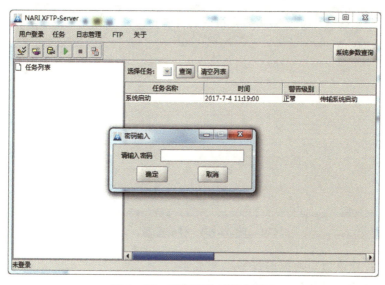

图 4-58 服务端软件用户登录

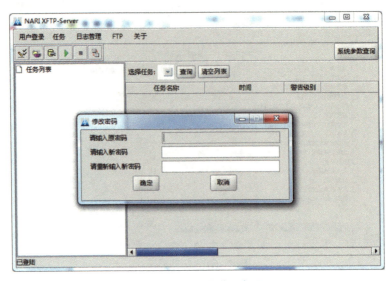

图4-59 重置登录密码

（2）点击【任务】→【任务配置】，弹出任务配置对话框，如图 4-60 所示。

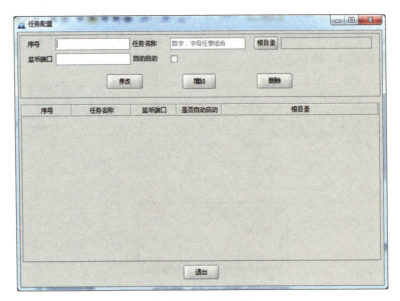

图4-60 任务配置

序号：建议填写阿拉伯数字。

任务名称：对此条任务的描述，不建议用中文描述。

根目录：选择本地目录，设置为文件接收后存放的目录。

监听端口：此条任务接受文件所监听的端口，此端口不能被占用。

自动启动：打钩以后，此条任务随软件启动而自动启动。

（3）点击【增加任务】后在软件主界面左侧，显示此条任务的各项参数，如图 4-61 所示。

图 4-61　任务显示

双击"Not Listening"将启动本条任务，或者点击也可启动任务，点击菜单栏中【任务】→【启动所有任务】将启动所有的任务。

习　题

1. 简述电力专用横向单向安全隔离装置数据过滤的依据。
2. 简述电力专用横向单向安全隔离装置的配置流程。

第五节　网络安全监控平台配置

学习目标

1. 了解网络安全管理平台各项功能。
2. 掌握网络安全管理平台配置方法。

知识点

一、网络安全管理平台介绍

网络安全管理平台由安全核查、安全监视、安全告警、安全审计、安全分析等功能构成，能够对电力监控系统的安全风险和安全事件进行实时的监视和在线的管控。

按照"监测对象自身感知、网络安全监测装置分布采集、网络安全管理平台统管控"的原则，构建电力监控系统网络安全管理体系，实现网络空间安全的实时控和有效管理，如图 4-62 所示。

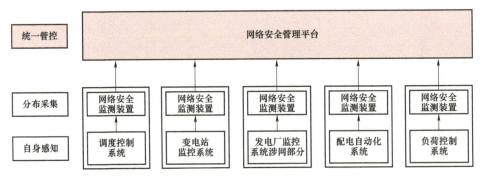

图 4-62 电力监控系统网络安全管理体系

监测对象采用自身感知技术，产生所需网络安全事件并提供给网络安全监测装置，同时接受网络安全监测装置对其的命令控制。

网络安全监测装置就地部署，实现对本地电力监控系统的设备上采集、处理，时把处理的结果通过通信手段送到调度机构部署的网络安全管理平台。

网络安全管理平台部署于调度主站，负责收集所管辖范围内所有网络安全监测置的上报事件信息，进行高级分析处理，同时调用网络安全监测装置提供的服务现远程的控制与管理。

二、部署架构

网络安全管理平台采用独立组网的形式进行网络部署，平台运行硬件按功能划为安全监测装置、网关机、应用服务器、人机工作站四类。网络安全监测装置部于业务系统网络内部及厂站网络边界，主要实现对调度自动化系统及直调厂站监控系统的数据采集；网关机置于网络安全管理平台内外网边界，主要为安全数据采集汇总、平台间数据交换等功能提供支撑；应用服务器置于网络安全管理平台内网，主要为数据存储、平台支撑、安全应用等功能提供支撑；人机工作站置于网络安全管理平台内网，主要为人机界面展示提供支撑；平台硬件架构如图 4-63 所示。

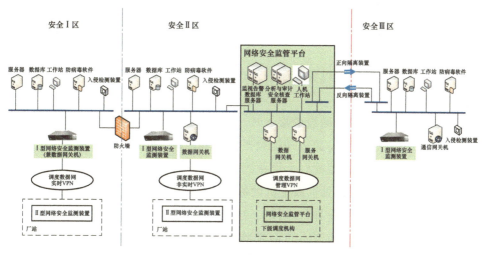

图 4-63　网络安全管理平台硬件架构

三、功能介绍

电力监控系统网络安全管理平台应用功能包括安全监视、安全告警、安全分析、安全审计、安全核查功能五类。

1. 安全监视功能

安全监视提供对电力监控系统整体安全运行情况进行实时监视的功能，包括安全概览、拓扑监视、设备监视、行为监视、威胁监视、纵向管控、响应处置等。

（1）安全概览。具备根据系统整体安全运行数据，宏观展示全网安全运行情况。

1）本级平台使用各类综合指标展示运行情况，包括平台的分时告警统计、资产分布情况统计及平台密通率统计等指标。

2）下级平台使用地图来展示整体运行情况，展示各下级平台级联到本级平台的实时情况。内容包含下级平台的风险控制指标、在线情况、告警情况，同时包含远程调阅及下级告警展示的入口。

（2）拓扑监视。使用拓扑图展现全网的安全主机及各类安全设备，支持查看设备的告警情况及在线情况。

1）拓扑中展示的设备类型包括主机、交换机、纵向加密设备、横向隔离装置、防火墙、入侵检测等。

2）资产在拓扑中可以自由的设置位置；拓扑中各设备间连线的构成方式包括网络连接关系及纵向间的隧道连接。

3）资产可以按安全区、所在区域、资产类型等属性进行筛选，同时支持资产查询。

4）资产在拓扑中可以关联到告警查询、基线核查、运维信息、属性信息、运行信息。

5）当发生新告警、新设备接入时，拓扑中应能够实时动态展示。

（3）设备监视。设备监视功能包括对主机设备、网络设备、数据库监视和安全设备监视，可同时监视以上设备的指标数据。

1）主机设备监视：对本级主机设备的运行状态、告警信息、操作信息、外接设备使用情况以及设备异常进行实时监视。运行状态监视包括在线状态、CPU利用率、内存利用率、未关闭的 TCP 连接数、网络端口监听状态；告警信息监视包括告警数量监视；操作信息监视包括登录用户数；外接设备使用情况监视包括 USB 接入数、并口使用情况、串口使用情况以及光驱使用情况；设备异常监视包括电源模块状态信息。

2）网络设备监视：对网络交换机设备的运行状态、告警信息以及设备异常进行实时监视。运行状态监视包括在线状态、CPU 利用率、内存利用率以及运行时长；告警信息监视包括告警数量监视。

3）数据库监视：对数据库设备的运行状态、告警信息以及设备异常进行实时监视。运行状态监视包括运行时长、运行状态、CPU 利用率、内存利用率、当前已使用连接数、剩余连接数、存储空间使用情况；告警信息监视包括告警数量监视；运行异常监视包括数据库锁表状态。

4）安全设备监视：对纵向设备、隔离设备、防火墙设备、入侵检测系统以及防病毒系统进行实时监视。对纵向设备可实时监视设备在线状态、CPU 利用率、内存利用率、主备机状态、明/密通隧道数量、明/密通策略数量、设备密通率以及告警数；对隔离设备可实时监视设备在线状态、CPU 利用率、内存利用率、告警数；对防火墙设备可实时监视在线状态、CPU 利用率、内存利用率、网口状态、电源模块状态、风扇状态以及告警数；对入侵检测系统和防病毒系统可实时监视设备在线状态以及告警数。

（4）行为监视。行为监视功能是对主机、操作人员以及其他设备的操作行为监视，包括主机登录监视、链路拓扑监视、操作人员登录主机的信息监视、被操作主机的信息监视以及其他设备用户登录状态的信息监视。

1）主机行为监视：以主机为对象对主机登录链路过程进行监视，可实时监视登录用户、登录方式、操作信息、登录链路等信息。登录方式包括 SSH 登录、本地登录和 X11 协议登录。

2）人员行为监视：以人为对象对操作人员登录主机的操作信息进行监视，可实时监视登录主机是否活跃、登录方式、操作行为等信息。

3）设备操作行为监视：对纵向设备、隔离设备、防火墙设备、数据库以及网络设备的用户登录状态进行监视，可实时监视用户登录、用户退出、用户操作等信息。

（5）威胁监视。威胁监视功能包括外部访问监视、内部行为监视、外设接入监视和重点设备监视。可实时监视通过调度数据网访问到本级调控中心的安全事件、实时监视调控中心内部本地登录和远程终端以及远程桌面访问的安全事件、实时监视调控中心外设接入的安全事件和重点设备中由安全事件产生的告警事件。

（6）纵向管控。纵向管控提供对纵向加密装置进行配置和监控功能，包含以下功能：

1）管控节点信息管理包括节点的增加、删除、修改、节点证书导入等功能。

2）以管控节点间连线的方式展示隧道连接关系。

3）设备信息管理包括设备信息查询、设备重启等。

4）设备隧道信息管理包括隧道的添加、删除、重置、查询等。

5）设备策略信息管理包括策略的添加、删除、修改、查询等。

6）证书管理包括证书导入、证书替换等。

（7）响应处置。平台通过下发指令的方式，对发现网络攻击、病毒感染等安全事件进行处置，包括禁用主机网卡，阻断非法 SSH、X11 访问链路等。

2. 安全告警功能

遵循 GB/T 31992《电力系统通用告警格式》，提供实时告警、历史告警功能。

（1）实时告警功能。

1）针对管理平台的告警情况，采用告警提示窗、告警悬浮窗、告警轮播等多种方式实时展示告警情况。

2）告警范围包括：安全事件类、运行异常类、设备故障类、人员操作类告警。

3）智能告警分析：支持对提取每条历史数据的源 IP、源端口、目的 IP 和目的端口进行分析，提取出异常检测规则，并周期性的调用异常检测引擎，进行规则匹配，对其进行信息归纳。

（2）历史告警功能。提供 6 个月内的安全告警信息的记录、查询等功能。包括设备信息、安全告警发生次数、发生时间、告警内容、是否解决、解决方法等信息。支持按所属区域、安全区、电压等级、设备类型等属性进行告警筛选，支持按告警级别、确认状态、发生时间等属性对告警进行搜索的功能，支持告警内容的全文检索，支持按关键字段对告警记录进行排序。

3. 安全分析功能

使用综合分析手段，通过对设备安全监视与安全告警数据进行不同维度的分析与挖掘，提供多视角、层次的分析结果。安全分析功能包括运行分析、安全报表、对比分析。

（1）运行分析。运行分析从统计的角度查看平台运行的告警数、资产数及在线率等相关指标。提供各区域运行指标的地图展示功能。运行分析包括运行指标分析、运行统计分析、运行趋势分析功能。

（2）安全报表。提供报表工具，可生成用户所需的安全运行报表。报表中包含数据统计、图形展示、表格展示等多种数据展示方式。按照标准格式，生成日报、月报、年报，提供导出功能。

（3）对比分析。提供自定义生成安全指标对比分析功能。选择需对比的安全指标、对比类型，定制筛选条件，即可生成自定义安全对比。生成的对比内容包括图形展示和表格展示，对比结果支持常驻显示。对比安全指标包括：各级别的告警数、各在线状态的资产数、资产部署率、资产在线率、平台密通率等。对比类型包括：所属区域、设备厂商、电压等级、设备类型等。

4. 安全审计功能

安全审计为安全事件分析提供追溯手段，包括主机行为审计、设备行为审计、接入审计、设备离线审计、综合审计等。

（1）主机行为审计。行为审计通过对主机登录信息及操作信息的历史查询，能够提供主机登录操作信息的记录、查询等功能，包括主机登录系统用户名、登录时间、退出时间、操作命令、操作时间等信息，支持对相关操作行为关联审计及操作路径的回溯。

（2）设备行为审计。提供对各类设备的操作行为进行审计的功能。

1）网络设备登录行为审计：提供 6 个月内的网络设备登录信息的记录、查询等功能，登录信息包括登录用户名、登录时间、退出时间、操作命令、操作时间等。

2）数据库操作行为审计：提供 6 个月内的数据库配置信息更改、用户权限变更等信息的记录、查询等功能，操作信息包括操作时间、操作内容等。

3）安全设备登录行为审计：提供 6 个月内的安全设备登录信息的记录、查询等功能，登录信息包括登录用户名、登录时间、退出时间、操作内容、操作时间等。

（3）接入审计。审计外设接入、网络接入相关行为，针对不同的外设接入类型提供分类审计功能，能够追踪网络接入的详细信息。

1）外设接入审计：提供 6 个月内的外设设备接入信息的记录、查询等功能，接入信息包括设备类型、接入时间、拔出时间等。

2）网络接入审计：提供 6 个月内的网络交换机设备接入信息的记录、查询等功能，接入信息包括设备 IP、接入时间、断开时间等。

（4）设备离线审计。提供 6 个月内的设备离线情况的记录、查询等功能。审计各类设备的离线情况，包括设备离线开始时间、离线时长等信息。

（5）综合审计。综合审计以安全威胁事件为对象，从威胁事件关联到其所涉及的操作及告警的整体情况，进一步细化到具体的各条安全事件和告警，还原威胁发生的全过程。

综合审计是对外部网络访问、内部行为监视、外接设备监视的历史记录审计，可查询通过调度数据网访问到本级调控中心的安全事件、调控中心内部本地登录和远程终端、远程桌面访问的安全事件、调控中心外设接入的安全事件的历史记录。

5. 安全核查功能

安全核查功能包括安全配置核查和安全风险评估两项。可以通过设备核查和任务核查两种方式进行。设备核查以单个设备为维度，对主机的配置信息、安全漏洞及口令设置进行全面核查。任务核查以核查任务为维度，可在一次核查任务中分别对多个设备进行安全配置核查或安全风险评估，同时可以有针对性地对设备进行单个配置项的配置信息核查。

（1）安全配置核查。支持对电力监控系统中的主机设备的配置信息进行核查，支持核查规则的灵活配置，具体核查内容应遵循《电力监控系统安全防护标准化管理要求》（调自〔2016〕102 号）。

（2）安全风险评估。支持对安全操作系统（凝思操作系统、麒麟操作系统）漏洞风险等级的评估，给出修复建议和预防措施。

四、网络安全管理平台模型配置说明

本教材以南瑞网络安全管理平为例进行介绍。模型管理模块包括设备、区域和厂商三种模型。该模块从设备、区域和厂商三种维度展示和管理平台所有的模型。当配置某一设备时必须配置该设备所属的区域和厂商，配置区域时可通过设置区域节点的属性来决定该区域是否能关联设备，而配置生产厂商时需要关联到某一具体的设备类型，因此三种模型密切相连。

三种模型添加的顺序为：第一步添加区域，第二步添加设备，第三步添加厂商。具体的管理条目有地域配置、资产管理、纵向加密管理、未接入设备和厂商管理。

（1）地域配置。地域配置根据地域号来配置所属地域。地域号分别分为 2位数来表示省一级地域，4 位数表示下一级地域，8 位数表示下一级的下一级地域。比如 10 为江苏省电力公司，1000 为江苏省调，100000001 为南京地调。该功能提供设备清单的导出，增加地域，修改地域，删除地域的操作。下一级地域为地调、变电站和电厂，且下一级地域可以查看关联设备的情况。地域配置如图 4-64 所示。

图 4-64　地域配置

在操作栏选择相应的采集机，即可以下发相应的策略，如图 4-65 所示。

（2）资产管理。设备管理如图 4-66 所示。可展示平台的设备分布情况、部署情况、在线情况以及设备的详细信息。可对平台中的设备进行添加、编辑、删除等操作，支持资产信息的搜索、筛选等功能。资产详情表格右上方的菜单栏中分别为搜索、表格显示列设置、导出、添加以及删除功能按钮。如需筛选资产可在搜索框中输入想要搜索的信息，表格中的内容会自动根据搜索信息完成筛选操作。导出功能支持导出 Excel 等文件格式。

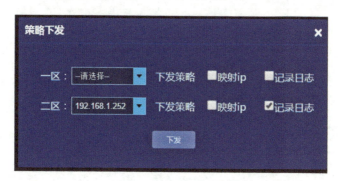

图 4–65 策略下发

图 4–66 资产管理

如需要添加一个资产，可点击表格右上方的设备添加按钮，会弹出一个添加设备的窗口如图 4–67 所示，填入设备信息，点击提交按钮，显示设备添加成功即可完成该设备的添加。

如需要删除设备，可在表格左侧的勾选框中勾选想要删除的设备，点击右上方的设备删除按钮，确认删除后，即可完成设备的删除。也可在单个设备的编辑菜单中对该设备进行操作。

点击表格中单个设备，会弹出针对这个设备的编辑菜单，可对这个设备进行编辑、删除、复制以及挂牌操作。

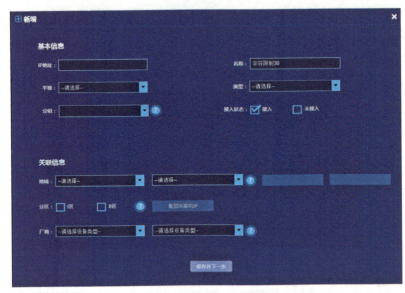

图 4-67 新增资产

在点击修改设备按钮后，会弹出编辑设备窗口如图 4-68 所示。修改完成后点击提交按钮，提示设备编辑成功，即完成设备编辑操作。

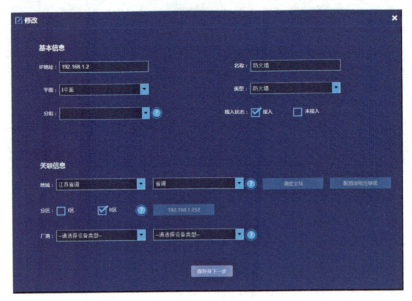

图 4-68 修改资产

（3）纵向加密管理。纵向加密处分为拓扑显示和列表显示两部分。其中拓扑显示界面根据纵向加密资产树添加设备，进而在右端进行相应的资产拓扑展示，具体如图 4-69 所示。

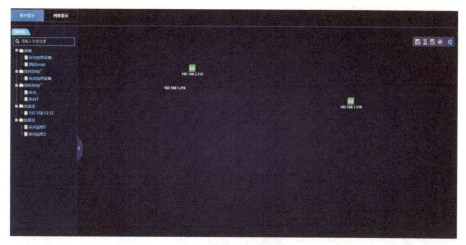

图 4-69 纵向加密装置拓扑显示

列表显示界面，将纵向加密设备进行列表显示，且对相应的设备有细致的处理。包括装置系统管理和证书设备管理。纵向加密装置列表显示如图 4-70 所示。

图 4-70 纵向加密装置列表显示

相应的系统管理菜单项如图 4-71 所示包括装置时间同步，查询系统日志和设置定时查询任务。

证书设备管理菜单项如 4-72 所示包括系统密钥初始化，生成证书请求，添加 CA 证书，加密卡测试和装置节点管理等任务。

图 4-71 装置系统管理

图 4-72 证书设备管理

（4）厂商管理。厂商管理提供给用户可以针对某一具体类型的设备来配置一个或多个生产厂商，还可以配置某一厂商具体的设备型号、程序版本和规则集，从而实现了设备与厂商的关联。厂商管理如图 4-73 所示。

图 4–73　厂商管理

　　添加厂商操作步骤：首先选中右上角新增按钮，会出现新增厂商弹窗，如图 4–74 所示。

图 4–74　新增厂商信息

　　然后填写信息，点击提交即可。修改厂商操作步骤：选中表格里需要编辑的对应设备类型和厂商的一条记录，然后点击编辑按钮，会弹出编辑厂商弹窗，如图 4–75 所示。

图 4-75 修改厂商信息

修改厂商信息，点击提交按钮即可。厂商删除操作步骤同图 4-75 所示。此页面还有厂商维护功能，如图 4-76 所示，可以将设备和相应的厂商进行关联、修改、删除等操作。

图 4-76 厂商维护

习 题

网络安全管理平台基础支撑功能有哪些？

第六节 网络安全监测装置配置

学习目标

1. 了解网络安全监测装置原理。
2. 掌握网络安全监测装置配置方法。

知 识 点

一、网路安全监视与管理体系

按照"监测对象自身感知、网络安全监测装置分布采集、网络安全管理平台统一管控"的原则,构建电力监控系统网络安全监视与管理体系,实现网络空间安全的实时监控和有效管理。监测对象采用自身感知技术,产生所需网络安全事件并提供给网络安全监测装置,同时接受网络安全监测装置对其的命令控制。

网络安全监测装置部署于电力监控系统局域网络内,用以对监测对象的网络安全信息采集,为网络安全管理平台上传事件并提供服务代理功能。I型网络安全监测装置部署位置如图 4-77 所示。根据性能差异分为I型网络安全监测装置和II型网络安全监测装置两种。I型网络安全监测装置采用高性能处理器,可接入 500 个监测对象,主要用于主站侧。II型网络安全监测装置采用中等性能处理器,可接入 100 个监测对象,主要用于厂站侧。

网络安全监测装置就地部署,实现对本地电力监控系统的设备上采集、处理,同时把处理的结果通过通信手段送到调度机构部署的网络安全管理平台。

在变电站站控层或并网电厂电力监控系统的安全II区部署网络安全监测装置,采集变电站站控层和发电厂涉网区域的服务器、工作站、网络设备和安全防护设备的安全事件,并转发至调度端网络安全管理平台的数据网关机。同时,支持网络安全事件的本地监视和管理。

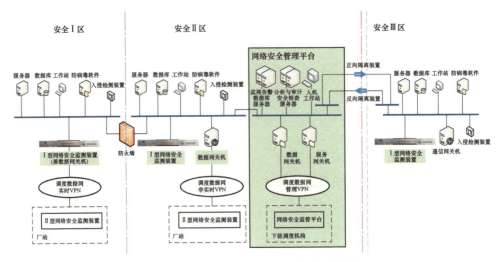

图 4-77　Ⅰ型网络安全监测装置部署位置

当变电站站控层或发电厂涉网区域存在Ⅰ、Ⅱ区，并且网络可达时，网络安全监测装置部署在Ⅱ区，如图 4-78 所示。

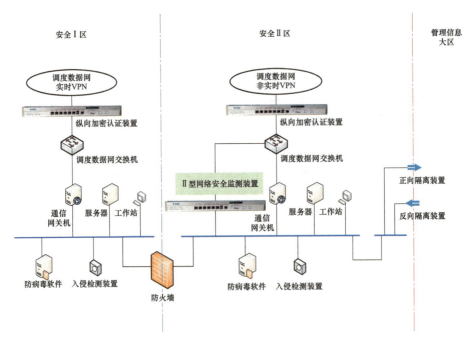

图 4-78　变电站侧网络安全装置部署位置

当变电站站控层或发电厂涉网区域Ⅰ、Ⅱ区网络完全断开，则Ⅰ、Ⅱ区各部署一台网络安全监测装置，如图 4-79 所示。

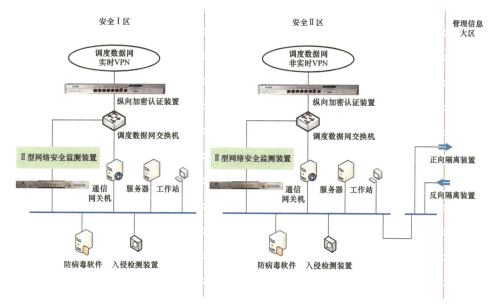

图 4-79 变电站侧网络安全装置部署位置

当变电站站控层或发电厂涉网区域无Ⅱ区时，则网络安全监测装置直接部署于Ⅰ区，如图4-80所示。

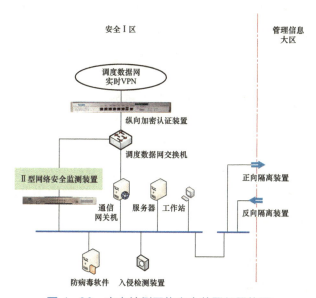

图 4-80 变电站侧网络安全装置部署位置

当变电站站控层或发电厂涉网区域网络存在 A、B 双网，网络安全监测装置需要同时与 A、B 双网互联。

二、功能要求

1. 数据采集

数据采集应满足如下要求:

(1)应支持对服务器、工作站、网络设备、安全防护设备、数据库等监测对象进行数据采集。

(2)应支持采集服务器、工作站的用户登录、操作信息、运行状态、移动存储设备接入、网络外联等事件信息。

(3)应支持采集数据库的操作信息、运行状态等事件信息。

(4)应支持采集网络设备的用户登录、操作信息、配置变更信、流量信息、网口状态信息等事件信息。

(5)应支持采集安全防护设备的用户登录、配置变更、运行状态、安全事件信息等事件信息。

(6)应支持触发性事件信息的采集和周期性上送的状态类信息的采集。

2. 数据分析处理

数据处理应满足如下要求:

(1)应支持以分钟级统计周期,对重复出现的事件进行归并处理。

(2)应支持根据参数配置,对采集到的 CPU 利用率、内存使用率、网口流量、用户登录失败等信息进行分析处理,根据处理结果决定是否形成新的上报事件。

(3)应支持对网络设备日志信息进行分析处理,提取出需要的事件信息(如用户添加事件)。

(4)Ⅰ型网络安全监测装置应支持对网络设备、安全防护设备的采集信息做格式化处理,形成符合网络安全管理平台消息总线的数据格式。

(5)应能形成外设接入事件、用户登录事件、危险操作事件、状态异常事件等上传事件。

3. 服务代理

网络安全监测装置以服务代理的形式提供服务给网络安全管理平台调用,服务代理应满足如下要求:

(1)应支持远程调阅采集信息、上传事件等数据信息,应支持根据时间段、设备类型、事件等级、事件记录个数等综合过滤条件远程调阅数据信息。

(2)应支持对被监测系统内的资产进行远程管理,包括资产信息的添加、删除、修改、查看等。

（3）应支持参数配置的远程管理，包括系统参数、通信参数及事件处理参数。

（4）应支持通过代理方式实现对服务器、工作站等设备基线核查功能的调用。

（5）应支持通过代理方式实现对服务器、工作站等设备主动断网命令的调用。

（6）应支持通过代理方式实现对服务器、工作站等设备的关键文件清单、危险操作定义值、周期性事件上报周期等参数的添加、删除、修改、查看。

（7）应支持通过网络安全管理平台对网络安全监测装置进行远程程序升级。

4. 通信功能

与服务器、工作站设备通信，应支持采用自定义 TCP 协议与服务器、工作站等设备进行通信，实现对服务器、工作站等设备的信息采集与命令控制。

Ⅰ型网络安全监测装置还应支持通过消息总线功能接收服务器、工作站等设备事件信息。

网络安全监测装置与数据库通信应支持通过消息总线功能接收数据库设备事件信息。

网络安全监测装置与网络设备通信应满足以下要求：

（1）应支持通过 SNMP 协议主动从交换机获取所需信息。

（2）应支持通过 SNMP TRAP 协议被动接收交换机事件信息。

（3）应采用 SNMP、SNMP TRAP V2c 及以上版本与交换机进行通信。

（4）应支持通过日志协议采集交换机信息。

网络安全监测装置与安全防护设备通信应支持通过 GB/T 31992《电力系统通用告警格式》 协议采集安全防护设备信息。

5. 与管理平台通信

网络安全监测装置与管理平台通信有两种方式：事件上传通信和服务代理通信。

6. 本地管理

应提供本地图形化界面对网络安全监测装置进行管理，满足如下要求：

（1）应具备自诊断功能，至少包括进程异常、通信异常、硬件异常、CPU占用率过高、存储空间剩余容量过低、内存占用率过高等，检测到异常时应提示告警，诊断结果应记录日志。

（2）应具备用户管理功能，基于三权分立原则划分管理员、操作员、审计员等不同角色，并为不同角色分配不同权限；应满足不同角色的权限相互制约要求，不应存在拥有所有权限的超级管理员角色。

（3）应具备资产管理功能，包括资产信息的添加、删除、修改、查看等，资产信息应包括：设备名称、设备 IP、MAC 地址、设备类型、设备厂家、序列号、系统版本等。

（4）应支持采集信息、上传信息的本地查看，应支持根据时间段、设备类型、事件等级、事件条数等综合过滤条件进行信息查看。

（5）应支持对监视对象数量、在离线状态的统计展示，应支持从设备类型、事件等级等维度对采集信息、上传信息进行统计展示。

（6）应具备日志功能，日志类型至少包括登录日志、操作日志、维护日志等。

（7）日志内容应包括日志级别、日志时间、日志类型、日志内容等信息，日志应具备可读性。

（8）应支持通过本地实现对服务器、工作站等设备的基线核查功能的调用。

7. 参数配置

参数配置包括基本要求、系统参数、通信参数、事件处理参数、时钟同步等功能。

三、网络安全监测装置基本配置

本教材以科东产品为例进行介绍。

1. 管理员—装置配置说明

使用网络安全监测装置管理工具进行装置配置时，管理工具默认三个用户为管理员（sysp2000）、操作员（p2000）、审计员（psssp2000）。

首先使用管理员账户进行装置配置：

（1）导入网络安全管平台证书，如图 4-81～图 4-84 所示。将网络安全管理平台证书导入装置中。

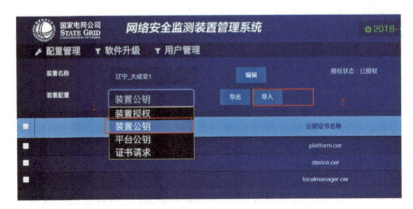

图 4-81　导入装置公钥

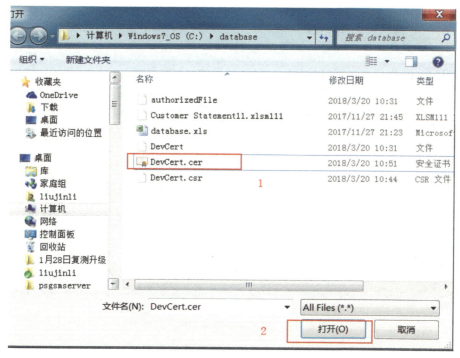

图 4-82 选择装置公钥

图 4-83 授权配置

平台公钥证书导入到装置前需以平台的 IP 重新命名，如图 4-85 所示。

图4-84　导入网络安全管理平台证书

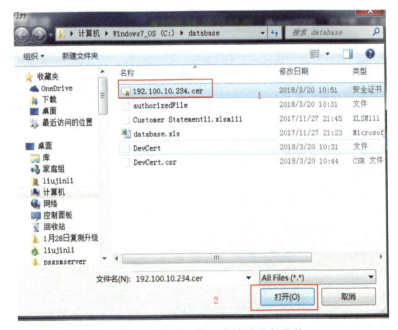

图4-85　选择网络安全管理平台证书

证书导入成功验证，如图4-86所示，则表示导入成功。

图 4-86　证书导入成功

（2）网卡配置。点击配置管理，点击网卡配置（见图 4-87），在点击添加按钮（见图 4-88）。输入网口名称、Ip、掩码，然后点击保存（见图 4-89）。

（3）装置路由配置。点击路由配置（见图 4-90），添加目的网段，目的网段掩码，网关地址等，点击保存（见图 4-91）。

图 4-87　网卡配置界面

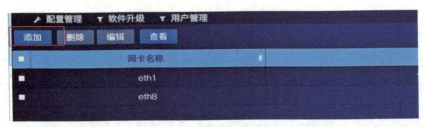

图4-88 添加网卡配置

图4-89 新增网卡

图4-90 路由配置界面

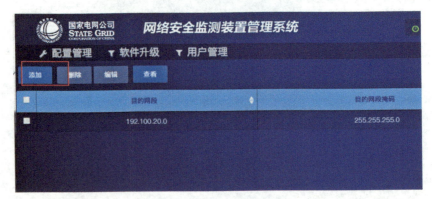

图4-91 添加路由配置

（4）装置对时配置。Ⅱ型装置有2种对时方式，B码对时和NTP对时。使用任一对时方式即可，当2种方式同时配置，则B码对时生效。

B码对时，需厂站有B码授时服务器，Ⅱ型装置与授时服务器连接即可。

Ⅱ型装置 B 码对时接线在装置后面板，其中 A 接＋级，B 接－级。

NTP 对时，点击配置管理中的 NTP 配置（见图 4-92），点击查看按钮可以查看主时钟主网 ip 地址，主时钟备网 ip 地址，备时钟主网 ip 地址，备时钟备网 ip 地址，NTP 端口号，NTP 对时周期，采用广播/点对点。配置对时服务如图 4-93 所示。配置主时钟主网 ip 地址和 NTP 对时周期即可。对时周期建议设置为 60s。

图 4-92　NTP 配置界面

图 4-93　配置对时服务

（5）通信配置。在通信配置下，点击添加按钮，添加平台 IP 地址，勾选上传事件信息到此 IP，允许此 IP 通过服务代理对监测对象进行参数设置、命令控制，允许此 IP 通过服务代理读取信息，允许此 IP 通过服务代理进行参数设置。

通信配置界面如图 4-94 所示。

图 4-94　通信配置界面

网络监测装置与上级平台的通信链路具备主备功能，主备链路以组的形式存在。当链路状态为主时，该链路与上级平台的前置机进行连接并发送数据；当链路状态为备时，仅当组内主链路发生异常时向主站前置机发送连接并发送数据。链路的主备属性可以进行配置，同时支持多组主备链路。组 ID 为 0 时，为不在任何组内，组内链路共有 16 个优先级，0 的级别最高，级别最高的链路为组链路，当组内的最高优先级链路有多个时，会任意选择一个链路作为主链路。配置事件上传服务如图 4-95 所示。

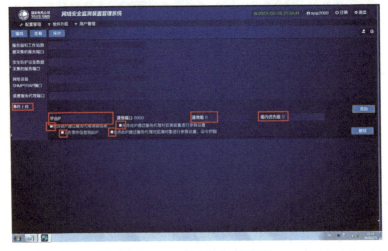

图 4-95　配置事件上传服务

（6）事件处理配置。在事件处理配置（见图 4-96）下，点击查看，可以查看 CPU 利用率上限阈值、内存使用率上限阈值、网口流量越限阈值、连续登录失败阈值、归并事件归并周期、磁盘空间使用率上限阈值、历史事件上报分界时间参数。

选中一条信息，可进行编辑，点击编辑，输入配置参数，点击提交即可，如图 4-97 所示。

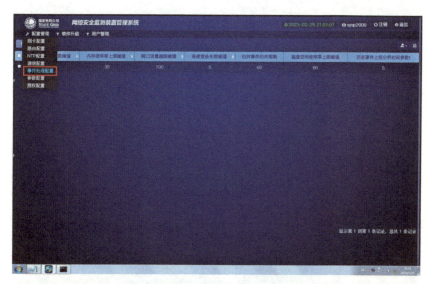

图 4-96　事件处理配置界面

图 4-97　编辑事件处理

2. 操作员—装置配置说明

配置管理—资产管理—添加—提交。资产名称、IP、出产单位等需按实际情况配置，资产信息配置需使用操作员登录，操作配置过程如图 4-98 和图 4-99 所示。

图 4-98 资产配置界面

图 4-99 新增资产配置

 习 题

网络安全监测装置具有哪些基本功能？

第七节　常见安防故障的排查方法

学习目标

1. 掌握纵向加密装置、横向隔离装置、防火墙等安防设备故障排查方法。
2. 掌握网络安全管理平台告警分析处理方法。

知识点

本模块介绍纵向加密装置、横向隔离装置、防火墙等安防设备故障排查方法，网络安全管理平台告警排查方法。通过定义讲解和功能的介绍，了解常见安防设备故障和告警的排查方法。

一、安防设备常见故障排查方法

（一）纵向加密装置故障排查

1. 隧道协商失败

（1）故障现象。网络拓扑图如图 4-100 所示，厂站业务中断，电力监控系统网络安全管理平台显示厂站隧道协商失败。

（2）排查步骤。

1）排查配置：查看设备的网络、路由、隧道配置是否正确，隧道配置中的证书是否选择正确对端加密装置证书，配置完是否重启过。

图 4-100　网络拓扑图 1

2）排查网络连通性：登录加密装置后台 ping 本端网关、对端网关、对端加密装置 IP。后台输入 ifconfig 命令，查看网络配置的信息后台是否生效，如若配置的桥接模式，网络配置中的桥接口的名称，是否与桥接配置中的一致。后台输入 route-n 命令，查看设备路由表，查看路由配置是否生效。配置软件路由配置中网卡是否选择正确。

3）排查证书是否正确：若本端加密装置与对端加密装置的网络连通性没问

题，则判断证书是否正确。通过后台输入以下命令再次分析隧道协商失败的原因，如图4-101所示。

```
cd/netkeeper/sbin

killall secgate

./secgage &

debug -i
```

```
[root@netkeeper]#cd /netkeeper/sbin/
[root@netkeeper]#killall secgate
[root@netkeeper]#./secgate &
[1] 1548
User[rule]: read 1 tunnels
User[rule]: read 4 rules
[root@netkeeper]#User Space Main Programme secgate start
### Version: NetKeeper2000FE V2.0.0
### Build time: 2015.08.03-18:42:33

[root@netkeeper]#User: System state change to hot

[root@netkeeper]#debug -i
[root@netkeeper]#IKE: ### Rcv pkt: 172.16.1.251 -> 10.0.0.251
IKE: flag:01[IKE Request] alg:01 sn:25292 bit-value:reserve[0] sec[1] normal[1] hot[1]
IKE: Error for verify signature: -1
IKE: ### Maybe reason: I got a wrong cert of her
IKE: IKE Packet Error
IKE: Send request to 172.16.1.251 [alg: 0 sys: 1 tunnelid: 1 state: 1 res: 1]
IKE: algorithm:[0] My random: CD 5A 53 A2 82 C0 1D F7 71 3E 55 68 8B EA D4 EA
IKE: ### Rcv pkt: 172.16.1.251 -> 10.0.0.251
IKE: flag:01[IKE Request] alg:01 sn:34225 bit-value:reserve[0] sec[1] normal[1] hot[1]
IKE: Error for verify signature: -1
IKE: ### Maybe reason: I got a wrong cert of her
```

图4-101　查看加密装置证书是否正确

例如图4-101中显示：Maybe reason：I got a wrong cert of her，代表本端导错了对端证书。主站端重新导入对端证书。

2. 网络安全管理平台无法管理加密

（1）故障现象。网络拓扑图如图4-102所示，网络安全管理平台无法管理厂站加密。

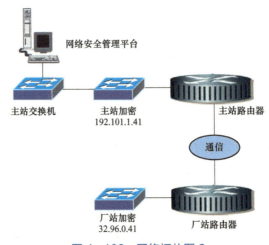

图4-102　网络拓扑图2

（2）排查步骤。

1）排查配置：查看设备的网络、路由、远程管理配置是否正确，远程管理配置中的证书是否选择正确网络安全管理平台证书，配置完是否重启过。

2）排查网络连通性：登录加密装置后台 ping 本端网关、对端网关、对端加密装置 IP。后台输入 ifconfig 命令，查看网络配置的信息后台是否生效，如若配置的桥接模式，网络配置中的桥接口的名称，是否与桥接配置中的一致。后台输入 route-n 命令，查看设备路由表，查看路由配置是否生效。配置软件路由配置中网卡是否选择正确。

3）排查透传配置：查看主站加密装置透传配置中需要添加网络安全管理平台至厂站加密装置管理的透传规则，透传协议号为 254 的管理报文，253 协议用于隧道协商，也需要设置。

若本端加密装置与对端加密装置的网络连通性没问题，主站加密装置透传配置没问题。通过后台输入以下命令再次分析原因，如图 4-103 所示。

例如图 4-102 显示 Maybe I got a wrong cert of the DMS，代表本台设备导错了网络安全管理平台的证书。厂站加密设备重新导入网络安全管理平台证书。

3. 网络安全管理平台收不到加密日志

（1）故障现象。网络拓扑图如图 4-104 所示，网络安全管理平台无法收到厂站加密日志。

```
[root@netkeeper]#cd /netkeeper/sbin/
[root@netkeeper]#killall secgate
[root@netkeeper]#./secgate &
[1] 1385
[root@netkeeper]#User[rule]: read 1 tunnels
User[rule]: read 4 rules
User Space Main Programme secgate start
### Version: NetKeeper2000FE V2.0.0
### Build time: 2015.08.03-18:42:33

[root@netkeeper]#dUser: System state change to hot

[root@netkeeper]#debug -d
[root@netkeeper]#
[root@netkeeper]#DMS: ### Rcv pkt: 10.0.0.1 -> 10.0.0.251 [Len:232]
DMS: Verify signature of dms pkt error: -1
DMS: Maybe I got a wrong cert of the DMS
DMS: ### Rcv pkt: 10.0.0.1 -> 10.0.0.251 [Len:232]
DMS: Verify signature of dms pkt error: -1
DMS: Maybe I got a wrong cert of the DMS

[root@netkeeper]#
```

图 4-103　查看加密装置证书是否正确

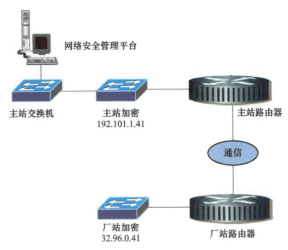

图 4-104 网络拓扑图 3

（2）排查步骤。

1）排查配置：查看设备的网络、路由、远程管理配置是否正确，远程配置里面，日志审计对应的远程地址是否正确书，配置完是否重启过。

2）排查网络连通性：登录加密装置后台 ping 本端网关、对端网关、对端加密装置 IP。后台输入 ifconfig 命令，查看网络配置的信息后台是否生效，如若配置的桥接模式，网络配置中的桥接口的名称，是否与桥接配置中的一致。后台输入 route-n 命令，查看设备路由表，查看路由配置是否生效。配置软件路由配置中网卡是否选择正确。

3）排查主站加密装置策略：如若网络安全管理平台收不到厂站加密装置日志，主站网络安全管理平台在主站加密装置的内网侧，厂站加密装置的日志需要穿过主站加密装置后传输至网络安全管理平台，则主站加密装置的策略配置里添加网络安全管理平台至厂站加密装置的规则，经查主站未配置 514 端口策略。主站加密装置配置 514 端口策略。

4. 厂站主机至主站主机间业务不通

（1）故障现象。网络拓扑图如图 4-105 所示，厂站主机至主站主机间业务不通。

（2）排查步骤。

1）使用厂站主机 ping 主站主机判断网络的连通性：如若 ping 不通，则分段进行 ping 测试，如厂站主机 ping 本端加密、本端网关、对端网关、对端加密、对端主机来判断哪一段网络连通性有问题。建议如若没有严格特殊的规定，建议在配置南瑞加密装置的策略时第一条策略为 ICMP 的明通策略，以便将所有的 ping 包都放过而不影响网络连通性的测试。

图 4-105　网络拓扑图 4

2）排查两端加密装置的策略：定位业务相应的策略。查看策略内、外网 IP 地址，内、外网端口等是否填写正确，再检查策略中的隧道后是否挂错。添加正确的相关业务相应的策略和策略内、外网 IP 地址，内、外网端口。

（二）隔离装置故障排查

1. 网络不通导致文件传输失败

（1）故障现象。网络拓扑图如图 4-106 所示，从 PC1 通过南瑞正向隔离装置传输文件至 PC2 失败。PC1 无法 ping 通内网虚拟地址，或 PC2 无法 ping 通外网虚拟地址，或前两者问题都存在。

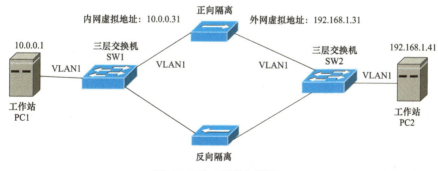

图 4-106　网络拓扑图 5

（2）排查步骤。定位是否是网络自身的原因导致，对端虚拟地址无法 ping 通。若交换机通过划分 VLAN 的方式在内/外网单侧分配了不同的地址段，则需要检查在相应的 PC 上是否设置相应的路由。

检查装置实际使用的接口和规则中选择的网口是否一致。检查隔离装置的内外网接口是否都使用 eth1 接口，如若不是进行更改。

检查装置所配置的策略中的虚拟地址，在同网络中是否被其他隔离装置或网络设备占用，导致 IP 地址冲突。检查所有设置的地址是否存在 IP 地址冲突的问题，并进行相应的修改。

2. 配置错误导致文件传输失败

（1）故障现象。网络拓扑图如图 4-107 所示，从 PC1 通过南瑞正向隔离装置传输文件至 PC2 失败，不存在网络不通和地址问题。

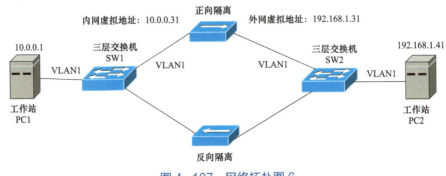

图 4-107 网络拓扑图 6

（2）排查步骤。

1）使用网线连接隔离装置，查看隔离装置客户端中相应的配置策略是否正确，正向隔离装置外网配置的端口、反向隔离装置内网配置的端口是否与客户端服务端任务中的端口一致。调整隔离装置传输软件的目的端口与客户端的外网端口保持一致。

2）检查传输软件中，相应任务的目的地址是否是对端的虚拟地址。对于正向隔离而言，将发送方的传输软件目的地址设置为内网虚拟地址；对于反向隔离而言，将发送方的传输软件目的地址设置为外网虚拟地址，保证文件能够顺利传输。

3）检查服务端的任务，端口是否正确，对正向隔离而言，外网配置中的端口是否与接收方监听端口一致，检查接收方的传输软件是否处于监听状态。对于正向隔离而言，将接收方的传输软件监听端口设置为外网配置中的端口；对于反向隔离而言，将接收方的传输软件监听端口设置为内网配置中的端口，保证文件能够顺利传输。

3. 网络安全管理平台无法接收到隔离装置的日志

（1）故障现象。网络拓扑图如图 4-108 所示，网络安全管理平台无法接收到隔离装置的 syslog 日志。

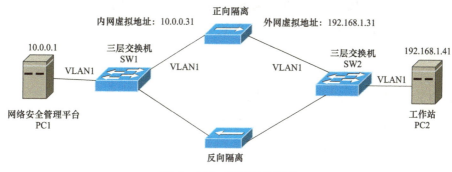

图 4-108 网络拓扑图 7

（2）排查步骤。检查本地 IP、远程 IP 以及 UDP 514 端口是否设置正确。隔离装置发送日志的本地 IP 一般选择设备内网侧网卡的地址，即规则中的外网虚拟 IP 地址。

（三）防火墙故障排查

1. 数据流量无法正常通过防火墙

（1）故障现象。网络拓扑图如图 4-109 所示，防火墙之间网络不通。

图 4-109 网络拓扑图 8

（2）排查步骤。

1）检查防火墙两边网络是否可达，是否由于防火墙路由配置错误，导致网络不可达。

2）如仅单条策略相关业务流量无法正常通过，应积极考虑单因素故障点。如检查防火墙策略是否正确配置，应逐项检查业务相关策略的配置，防止错配、漏配。相关业务地址是否已经进行了地址映射等，注意在相关业务的策略配置中应配置地址转换前的地址而不是地址转换后的地址。

3）如为多条或全部业务流量无法正常通过，应积极考虑全局性故障点。如检查防火墙相关端口是否正确配置了安全域，未把相关端口划归在应有安全域下，导致业务不能按照域间策略配置进行通信。安全域之间是否存在高级配置，选择全部丢弃则会导致无论是否正确配置访问控制策略都会致使域间访问的数据包全部丢弃。

2. 日志告警无法正确上传网络安全管理平台

（1）故障现象。网络拓扑图如图4-110所示，日志告警无法正确上传网络安全管理平台。

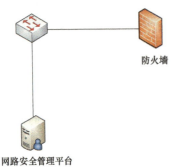

防火墙

网路安全管理平台

图4-110 网络拓扑图9

（2）排查步骤。

1）检查防火墙与网络安全管理平台网络是否可达，是否由于防火墙路由配置错误，导致网络不可达。

2）防火墙日志应注意选择"调度平台"，"服务端口"为"514"，"服务地址"为网络安全监测装置地址，"本地地址"为防火墙与网络安全监测装置网络可达的出口地址。

二、网络安全管理平台常见告警分析处理方法

（一）不符合安全策略的访问告警

1. 告警现象1

某变电站实时纵向加密认证装置重要告警：不符合安全策略的访问，*.*.65.1访问广播或组播地址*.*.65.255的123端口。

分析思路：

..65.1为变电站远动机地址，*.*.65.255为本网段广播地址，UDP的123目的端口为SNTP（Simple Network Time Protocol）协议端口。SNTP是简单网络时间协议，主要用来同步网络中计算机系统的时间。SNTP服务端在广播模式下会周期性地发送消息给指定广播地址或多播地址，SNTP客户端通过监听这些地址来获得时间信息。远动机开启了SNTP服务端程序，其向广播地址*.*.65.255发送的对时报文被纵向加密认证装置拦截产生告警。变电站站内装置实际和时间同步装置进行对时，并无须与远动机对时。

处理办法：

修改远动机配置参数，关闭SNTP服务端程序。

若站内没有时间同步装置，确需用远动机做对时服务，保留远动机 SNTP

服务端程序，限制远动机的对时广播报文仅通过远动机站内网卡发送，确保不发送到调度数据网络中。

2. 告警现象 2

某变电站实时纵向加密认证装置重要告警：不符合安全策略的访问，*.*.12.194 访问 202.106.46.151、202.106.195.68 的 53 端口。

分析思路：

..12.194 为变电站远动机（Linux 操作系统）地址，目的地址为非业务的未知地址。UDP 的 53 目的端口为 DNS（Domain Name System 域名解析服务）协议端口，DNS 协议主要用于主机名和 IP 地址的映射转换。该变电站远动机配置了不必要的 DNS 服务器的 IP 地址（202.106.46.151、202.106.195.68），导致 DNS 服务往外发出报文，被纵向加密认证装置拦截后产生告警。

处理办法：

将/etc/resolv.conf 中"nameserver"地址删除，并以 root 权限在终端中输入"service named stop"关闭 DNS 服务。

在 Linux 操作系统的 iptables 上设置访问控制策略，禁止向外发出目的端口为 53 的网络报文。

3. 告警现象 3

某变电站实时纵向加密认证装置重要告警：不符合安全策略的访问，*.*.100.4 访问*.*.40.254 的 138 端口。

分析思路：

..100.4 为变电站远动机站内地址（Windows 操作系统），*.*.40.254 为数据网网关地址。UDP 的 138 目的端口主要作用是提供 NetBIOS 环境（Windows 操作系统专有）下的计算机名浏览功能。该变电站远动机系统自动启动 NetBIOS 服务，远动机通信模块作为客户端访问站内装置的服务端，当出现服务端不可访问时（如通信中断），则远动机通过数据网网口向外尝试发起通信连接，产生*.*.100.4 访问*.*.40.254 的 138 端口的报文，被纵向加密认证装置拦截后产生告警。

处理办法：

停用远动机上的 NetBIOS 服务。

关闭 Windows 操作系统的 NetBIOS 服务可能被漏洞利用的端口。

4. 告警现象 4

某电厂非实时纵向加密认证装置发出重要告警：不符合安全策略的访问，0.0.0.0 访问 255.255.255.255 的 67 端口。

分析思路:

0.0.0.0 为非实际通信地址，255.255.255.255 为全段广播地址，UDP 的 68 源端口和 UDP 的 67 目的端口为 DHCP 协议（dynamic host configuration protocol，动态主机配置协议）端口，DHCP 协议主要用于动态分配 IP 地址和配置信息。通过现场抓包获取"0.0.0.0"对应 MAC 地址，并比对所有接入非实时数据网交换机内主机 MAC 地址，定位了数据包为电厂内检修计划工作站（Windows 操作系统）发出。该工作站开启了 DHCP 服务，其发出的 0.0.0.0 到 255.255.255.255 的 DHCP 请求被纵向加密认证装置拦截后产生告警。

处理办法:

关闭 Windows 操作系统的 DHCP 服务。

5. 告警现象 5

某变电站非实时纵向加密认证装置发出告警：不符合安全策略的访问，源 IP *.*.134.165 多次访问目的 IP *.*.20.7 的 102 端口。

分析思路:

源 IP*.*.134.165 为该变电站的保信子站服务器调度数据网省调接入网 IP 地址，目的端口 102 为正常业务端口，用于上送保信数据。目的 IP *.*.20.7 为省调主站保护前置机。

处理办法:

对该变电站的保信子站接入电力调度数据网的网络结构进行整改，取消保护综合交换机，现场的两套保信子站分别接入两套数据网接入设备。

（二）隧道建立错误告警

告警现象:

某变电站实时纵向加密认证装置告警：隧道建立错误，本地隧道*.*.81.124 与远端隧道*.*.11.32 的证书不存在。

分析思路:

隧道本端地址*.*.81.124 为该变电站实时纵向加密认证装置的地址，远端隧道*.*.11.32 为地调主站侧实时纵向加密认证装置的地址。远端配置了本端证书及隧道，并发起隧道协商报文，本端纵向加密认证装置收到了远端纵向加密认证装置的隧道协商报文，但由于本端没有导入对端装置的证书，导致本端纵向装置发出"证书不存在"告警。

处理办法:

检查证书配置，确保已经导入正确的对端装置证书。

（三）非法外联告警

告警现象：

某风电场站非实时纵向加密认证装置紧急告警：不符合安全策略的访问，*.*.193.150 访问*.*.254.190 至*.*.114.154 等 58 个地址的 443、80 端口。

分析思路：

..193.150 为厂商自带笔记本接入风电场网络的 IP 地址，目的地址均为互联网地址，目的端口 80、443 均为网页浏览端口，其中 80 端口用于 HTTP 服务，443 端口用于 HTTPS 服务。经查，告警发生时，该风电场厂家调试人员正使用自带笔记本接入非实时交换机进行调试，且在调试期间通过无线网络连接互联网进行资料查询，并访问了*.*.254.190 至*.*.114.154 等 58 个外网地址，期间访问互联网的部分数据包串入调度数据网，被非实时纵向加密认证装置拦截产生告警。

处理办法：

断开笔记本与调度数据网的网络连接。加强对电厂电力监控系统安全防护的技术监督工作，要求电厂加强现场作业的风险管控，落实安全防护的主体责任，采取有效措施防范违规外联。

习　题

简述隔离装置客户端、传输软件配置端口不一致导致文件传输失败排查步骤。

第五章

智能电网调度技术支持系统

第一节　基础平台与 SCADA 功能介绍

学习目标

了解智能电网调度技术支持系统的基础平台与 SCADA 应用功能。

知 识 点

　　智能电网调度技术支持系统四类应用建立在统一的基础平台之上，平台为各类应用提供统一的模型、数据、CASE、网络通信、人机界面、系统管理以及分析计算等服务。应用之间的数据交换通过平台提供的数据服务进行。实时监控与预警类应用是电网实时调度业务的技术支撑，主要实现电网运行监视全景化，安全分析、调整控制前瞻化和智能化，运行评价动态化。应能够从时间、空间、业务等多个层面和维度，实现电网运行的全方位实时监视、在线故障诊断和智能报警；实时跟踪、分析电网运行变化并进行闭环优化调整和控制；在线分析和评估电网运行风险，及时发布告警、预警信息并提出紧急控制、预防控制策略；在线分析评价电网运行的安全性、经济性、运行控制水平等。

　　本小节将讲述智能电网调度技术支持系统基础平台以及 SCADA 应用功能的使用方法。

一、基础平台

基础平台主要包括系统管理、数据存储与管理、数据传输总线、公共服务、平台功能和安全防护等功能模块，为电网的全景监视和分析奠定了基础。

系统采用面向服务的软件体系架构（SOA），如图 5-1 所示，其具有良好的开放性，能较好地满足系统集成和应用不断发展的需要；层次化的功能设计，能有效对硬件资源、数据及软件功能模块进行良好的组织，对应用开发和运行提供理想环境；针对系统和应用运行维护需求开发的公共应用支持和管理功能，能为应用系统的运行管理提供全面的支持。

基础平台的信息交互采用消息总线和服务总线的双总线设计，提供面向应用的跨计算机信息交互机制。下面重点介绍消息总线和服务总线的主要功能、工作原理以及技术特点。

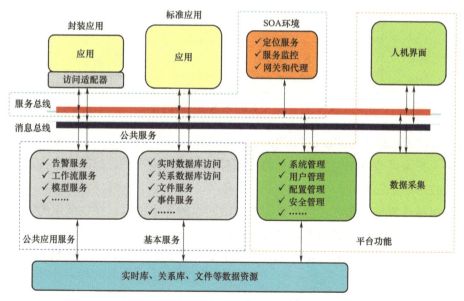

图 5-1　系统平台软件体系架构

1. 消息总线

（1）主要功能。基于事件的消息总线提供进程间（计算机间和内部）的信息传输支持，具有消息的注册/撤销、发送、接收、订阅、发布等功能，以接口函数的形式提供给各类应用；支持基于 UDP 和 TCP 的两种实现方式，具有组播、广播和点到点传输形式，支持一对多、一对一的信息交换场合。针对电力调度的需求，支持快速传递遥测数据、开关变位、事故信号、控制指令等各类实时数据和事件；支持对多态（实时态、反演态、研究态、测试态）的数据传输。

（2）工作原理。消息总线通过基于共享内存的进程间通信和节点间的消息传输构成消息总线，完成消息的收发功能。消息总线对上层应用封装成六个通用的基本服务接口。应用进程通过调用六个接口函数使用消息总线。消息总线的总体架构如图 5-2 所示。

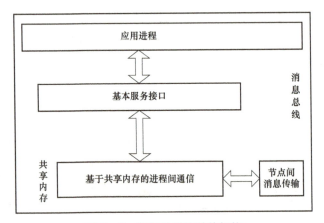

图 5-2　消息总线的总体架构

实时消息总线的实现机制应主要通过 UDP、TCP 通信协议实现事件的发布/订阅。在不同节点之间实现消息的发布者和消息的接收者之间的消息传递基于组播技术或点对点。

组播是消息发布者将消息报文发布给同组的各个节点，接收节点的消息代理再通过共享内存等通信方式将消息传递到接收者。

消息总线部署在各个发布/订阅的节点，消息总线提供报文重传机制，保证报文的有效传递。

（3）技术特点。消息总线采用动态管理共享内存的算法。在消息总线的共享内存中，为应用进程动态、独立地分配共享内存区域，并根据应用进程的不同数据量的使用需求，动态地为应用进程扩大在共享内存区域，使应用进程无扰动地使用消息总线。

消息总线利用 UDP 组播技术，在系统内实现一对多的消息传输，提供报文重传机制，保证报文的实时、有效传递。

消息总线的实现与系统平台中其他功能模块独立，不存在耦合关系。

消息总线为应用提供通用的接口原语，应用进程可不依赖静态配置信息，动态加入消息总线；消息按多态属性管理，不同态之间的消息独立。

2. 服务总线

（1）概述。服务总线采用 SOA 架构，屏蔽实现数据交换所需的底层通信技术和应用处理的具体方法，从传输上支持应用请求信息和响应结果信息的传输。

服务总线以接口函数的形式为应用提供服务的注册、发布、请求、订阅、确认、响应等信息交互机制，同时提供服务的描述方法、服务代理和服务管理的功能，以满足应用功能和数据在广域范围的使用和共享。

服务总线作为基础平台的重要内容之一，为系统的运行提供技术支撑。服务总线的目标是构建面向服务（SOA）的系统结构，为此服务总线不仅提供服务的接入和访问等基本功能，同时也提供服务的查询和监控等管理功能。

（2）使用流程。图 5-3 是服务总线的结构图，图中数字标明了服务总线的使用流程。

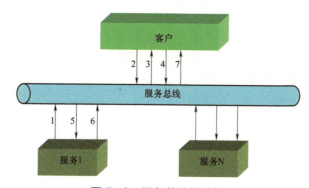

图 5-3　服务总线的结构

1—服务端发布服务信息；2—客户端查询服务信息；3—总线返回服务信息；
4—客户端向通过总线向服务端发送服务请求；5—服务端接收服务请求；
6—服务端回送服务结果；7—客户端接收服务结构

以上是一次典型客户端与服务端通过服务总线进行交互的过程。

（3）技术特点。提供了标准的应用开发模型。针对电力行业的应用特点，服务总线提供了请求/应答和订阅/发布这两种应用开发模型，满足应用的开发要求。服务总线屏蔽了网络的传输、链路管理等细节内容，使服务的开发更加方便和快捷。

支持面向服务（SOA）的体系结构。服务总线提供了比较完整的服务管理原语，可以用于服务的注册、查询和监控功能。使服务的使用具有较好的透明性，服务的部署更加方便，系统也具有更好的可扩展性。

二、数据采集与监视控制应用功能

1. 数据采集与监视控制介绍

数据采集与监视控制（supervisory control and data acquisition，SCADA）是架构在统一支撑平台上的应用子系统，是智能电网调度技术支持系统的最基本应用，用于实现完整的、高性能的电网实时运行稳态信息的监视和设备控制，为其他应用提供全方位、高可靠性的数据服务。主要实现以下功能：数据接收与处理、数据计算与统计考核、控制和调节、网络拓扑、画面操作、断面监视、事件和报警处理、计划处理、电网调度运行分析、一次设备监视、开关状态检查、趋势记录、事故追忆及事故反演等。

SCADA 应用处理前置应用采集上来的实时数据，是调度员的眼睛和操作工具，用户的数据监视和操作，如远方遥控等都依赖于 SCADA 应用提供的强大丰富的功能，特别是随着电力系统无人值班站的增多，许多原来在厂站端处理的事情，现在需要主站端的调度员根据系统实时运行情况，及时地调度处理。所以，正确理解 SCADA 的基本数据，掌握 SCADA 的操作，快速响应、及时解决系统出现的问题，就显得十分重要。系统为了安全高效地实现 SCADA 应用的监控功能，在任何重要的控制操作执行之前，系统自动检查口令和安全性，任何操作或事件都能记录、存储或打印出来。

2. SCADA 操作相关概念

遥信对位：断路器、隔离开关变位后，厂站图上变位的断路器、隔离开关将闪烁显示，用以提示变位信息。此操作恢复断路器、隔离开关的正常显示。

遥信封锁：不接受前置（FES）送来的遥信信号，断路器、隔离开关锁定当前状态

遥信解封锁：对开关、刀闸进行遥测遥信封锁后，此操作用以解除封锁。断路器、隔离开关状态按照前置（FES）送来的遥信信号显示

遥测封锁：不接受前置（FES）送来的遥测数据，固定为封锁前的数据。

遥测解封锁：解除设备或动态数据的遥测封锁，重新接受前置（FES）送来的遥测数据

遥测置数：将设备或动态数据当前的遥测值改变为设置的值。注：接收到下一个遥测数据后，遥测值被刷新。请注意与遥测封锁的区别。

遥控闭锁：关闭设备的遥控功能，使之不能进行遥控操作。

遥控解锁：解除设备的遥控闭锁状态。在遥控闭锁后使用。

抑制告警：设备/量测被抑制告警后，相应设备/量测的告警信息不上告警窗口，但会照常记录在告警表中。

恢复告警：设备被抑制告警后，通过恢复告警，设备/量测解除抑制告警状态，恢复正常告警。

设置标志牌：设备被设置标志牌后，会处于"挂牌"状态，挂牌的同时会读取标志牌定义表中相应标志牌的属性，并进行相应处理。

3. SCADA 遥测质量码

越合理范围：量测超出合理性范围。

工况退出：RTU 退出而导致数据不再刷新。

不变化：该遥测一段时间内（实测数据默认 180s，计算值默认 30s）未发生变化。

可疑：对于计算量，当公式分量在数据库中被删除，而公式没有删除该分量，则公式结果会有"可疑"状态。

跳变：对进行了跳变监视的量测，当该遥测的变化超过了一定范围（可定义），且保持了一段时间（可定义）后，会处于跳变状态。

越上限 1：量测超过第一上限值范围。

越下限 1：量测低于第一下限值范围。

越上限 2：量测超过第二上限值范围。

越下限 2：量测低于第二下限值范围。

越上限 3：量测超过第三上限值范围。

越下限 3：量测低于第三下限值范围。

越上限 4：量测超过第四上限值范围。

越下限 4：量测低于第四下限值范围。

非实测值：该遥测未从 RTU 采集。

未初始化：初始状态，没有经过任何处理。

计算值：该遥测来自计算。

取状态估计：该遥测来自状态估计。

被旁路代：该遥测被旁路量测替代。

被对端代：针对线路的遥测，该遥测被线路的对端量测替代。

旁代异常：旁路代路异常。

历史数据被修改：当历史数据被修改后，在对其进行采样查询时该数据会提示"历史数据被修改"。

分量不正常：针对计算量，表示参与计算的某个分量状态不正常（如工况退出等）。

置数：该量测为人工置数值。

封锁：该量测为人工置数值且保持住。

4. SCADA 遥信质量码

工况退出：厂站退出而导致数据不再刷新。

非实测值：该遥信未从 RTU 采集。

未初始化：初始状态，没有经过任何处理。

事故变位：该遥信出现事故分闸，尚未确认。

遥信变位：该遥信出现遥信变位，尚未确认。

控制中：当设备开始进行遥控操作，未结束之前，设备会处于控制中状态。

禁止遥控：对设备进行遥控闭锁操作后，设备处于禁止遥控状态。

坏数据：针对双节点遥信，两个节点值校验异常。

三相不一致：针对三相遥信，三相遥信位置不一致。

告警抑制：该遥信相关的告警仅保存历史库，其他告警动作被屏蔽。

计算：该遥信量是一个计算值，由其他遥信量计算出来的值。

置数：该遥信的数值为人工置数值，如果是实测的量测，会自动刷新。

封锁：该遥信的数值为人工封锁值，不再刷新，直到人工解除封锁。

传动中：设置了传动牌的设备，会有"传动中"的状态。

正常：该遥信处于正常状态。

习 题

1. 消息总线的主要功能有哪些？
2. SCADA 应用的主要功能有哪些？

第二节 前置应用功能介绍

学习目标

了解智能电网调度自动化系统的前置应用功能。

知 识 点

前置子系统（front end system，FES）作为 D5000 系统中实时数据输入、输出的中心，主要承担了调度中心与各所属厂站之间、与各个上下级调度中心之间、与其他系统之间以及与调度中心内的后台系统之间的实时数据通信处理任务，也是这些不同系统之间实时信息沟通的桥梁。信息交换、命令传递、规约的组织和解释、通道的编码与解码、卫星对时、采集资源的合理分配都是前置子系统的基本任务，其他还包括报文监视与保存、厂站多源数据处理、为站端设备对时、设备或进程异常告警、维护界面管理等任务。

一、结构与运行方式

FES 子系统采集的远方数据信号通过专线通道或网络通道输送到终端服务器或路由器，此时的数据信号没有经过处理，称为生数据。由 3、4 号网段组成绿色通道，将生数据送入数据采集服务器，处理后成为熟数据，再通过 1、2 号网段，将熟数据送入 SCADA 服务器，成为系统数据。

FES 子系统结构具有以下特点：

（1）网段分明。数据采集网段与当地局域网网段分开，确保生、熟数据分开，使得网络畅通；减少网络干扰数据，使得网络使用效率提高；对 3、4 号网络的管理及使用是完全透明的，并可监视且给出报告；要求 3、4 号网络至少是 10Mbit/100Mbit 自适应网络；3、4 号网络硬件至少有一条通路正常，绝无 FES 服务器双主机之忧。

（2）配置灵活。提供给用户的配置方式不再是单一的，也不会将某种配置强加给用户，而是让有能力的用户"点菜吃饭"，根据实际需求可以选配部分设备。最大配置全部是双冗余的，不仅能解决所有单点故障、双点交叉故障而且能解决部分的三点交叉故障。

（3）通信管理。通过网络通信的厂站和通过专线通信的厂站都进入前置系统并统一处理，分工更明确，一个口子对外，数据发布具有一致性和权威性，方便运行管理。

FES 子系统结构如图 5-4 所示。

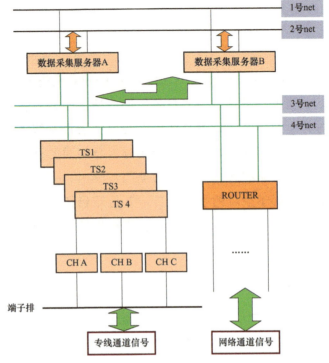

图5-4 FES子系统结构

FES 子系统采用"按口值班"运行方式，具有负载均衡、系统资源充分利用、设备无扰动切换等优点。"按口值班"工作模式下，值班设备或备用设备不是成组完成的，而是将原来成组的设备细化到一个个具体的端口，一个设备上可以有某些端口是值班的，同时该设备上的另一些端口又可能是备用的。按口值班运行方式示意图如图 5-5 所示。

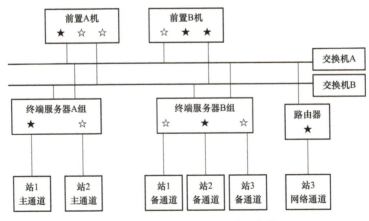

图5-5 按口值班运行方式示意图

★—值班端口；☆—备用端口

二、控制策略

1. 人工控制

人工控制分为 FES 服务器和通道两类。

（1）FES 服务器控制：FES 服务器的人工控制包括人工闭锁在线、人工闭锁离线、未闭锁三种，人工控制优先级最高，FES 服务器的状态由人工控制标志决定，只有人工控制是未闭锁时，系统才自动判别。

（2）通道控制：通道的人工控制包括通道人工闭锁连接 FES 服务器、通道人工闭锁值班备用、通道人工闭锁/投入/退出三类。

1）人工闭锁连接 FES 服务器：表示将某一通道人工闭锁在一台固定 FES 服务器上。

2）人工闭锁值班备用：表示人为将一个通道闭锁为值班、备用状态。

3）人工闭锁/投入/退出：表示人为设置通道闭锁/投入/退出。

2. 通道分配原则

（1）单机配置时所有通道都在一台 FES 服务器上。

（2）双机配置时通道将在两台 FES 服务器上进行动态分配。

（3）常规串口通道根据串口物理位置分配 FES 服务器，一般第一组连 A 机，第二组连 B 机。

（4）网络通道根据同一厂站的串口通道位置决定连接 FES 服务器。

（5）三机、四机配置时，可根据用户需求将前置机分组运行，如将常规串口分配在 A、B 机运行，网络通道分配在 C、D 机运行等模式。

（6）共线通道分为主共线和从共线两类，同一组共线通道有一个主共线通道和若干从共线通道组成。

（7）从共线通道位置由主共线通道位置决定。

（8）转发虚通道位置根据转发总厂位置决定。

3. 负荷均分原则

前置系统在多机运行时，从系统安全性和降低负荷角度出发，进行任务负荷的动态均分，主要分为常规通道和 Tase2 通道两类。

（1）常规通道：遵循以下几条原则：

1）同一厂站的多个通道不要接在同一个终端服务器上。

2）同一厂站的多个通道分配在不同 FES 服务器上运行。

3）在几个通道运行质量相同情况下，选择值班通道数量少的 FES 服务器上的通道作为值班通道。

（2）Tase2 通道管理及负荷均分：一个 Tase2 厂站有主备两条通道，由于 Tase2 通道是闭锁在一个固定 FES 服务器上的，不能进行通道的转移，因此前置系统采取了另一类方法进行管理，即不进行通道转移，而是发消息进行通道重联进而改变值班通道所在 FES 服务器的方式进行。

4. 通道、厂站投退判断

通道、厂站投退状态分为投入、故障、退出三种。

通道的投退状态根据误码率等因素综合判断。

厂站的投退状态根据通道的状态判断。

5. 值班、备用原则

判断同一厂站的不同通道的状态（值班、备用）时，将根据其闭锁状态、投退状态、误码率、通道优先级、通道类型、同一 FES 服务器上值班的数目等因素综合判断。

三、主要模块进程

（1）人机界面。FES 子系统的人机界面突出个性化及通用化的特点，对系统的生成、维护、监视都提供友好的界面。通道报文显示界面具有显示、查询、解释、存储、报文导入及导出的功能；通道原码显示界面真实地反映通信报文的原码；系统生成及维护界面方便、明了、易操作。

（2）规约处理。规约处理模块由若干个不同的规约进程独立运行。优点是各个规约间互不干扰，容易查找故障；方便添加新的规约模块。

（3）FES 服务器多机之间通信管理。负责多台 FES 服务器之间的状态传递；通道数据的横向同步；系统命令的传达等任务。

（4）通信任务分配管理。多台 FES 服务器之间协调管理所有的通信值班任务，总体原则是对于同一个厂站的多个通道会被分配在不同的 FES 服务器上处理；对于全部的通信值班任务按照负荷均分的原则。

（5）共享内存管理。为了加快实时数据的处理速度，FES 服务器的实时库、重要的标志、中间结果以及不同进程间结果传递等都通过共享内存来实现。按需申请，高效使用并及时释放。

（6）进程间通信管理。对于规约处理、通信管理等都是通过一个父进程管理若干个子进程，每一个子进程就决定了一种通信规约的处理或一个通信接口的通信。平时要确保这些进程的正常工作。

（7）前后台通信管理。专门负责 FES 服务器与 SCADA 主机之间的双向通信以及 FES 服务器向后台的广播信息等。

（8）系统工况判断。厂站工况、设备工况、通道工况、关键进程工况等判断统计。

（9）通道切换。有人工和自动方式，可以改变通道与 FES 服务器间的连接关系。

（10）终端服务器的输入、输出。专门负责基于串口通信的数据收发。

（11）报警信息管理。厂站工况、通道工况、设备工况、对时、值班或备用改变、通道连接改变都有报警信息。

（12）运行日志。

（13）系统应用工具。

四、厂站通道定义

D5000 系统中有一个公共的厂站表，每个应用都可以共享这张表。而对于有通信接口或通信数据的厂站我们把它选择成 FES 应用，系统会根据厂站表的 FES 应用厂站触发生成通信厂站表。前置机系统使用的都是厂站通信表。对于通信厂站定义更加细化，改变传统以通信厂站为定义单位的方式，而是精确到以通道为定义单位；以往通信介质单一，主备通道一般都是相同的参数，而现在通信介质的多元化，要想充分发挥各自的最大优势，就只能根据不同通信介质选取不同的通信参数才能满足要求。

1. 厂站类型

（1）火电厂：接收火电厂的数据。

（2）水电厂：接收水电厂的数据。

（3）变电站：接收 RTU 或变电站综合自动化的数据。

（4）转发厂：接收其他控制中心转发过来的数据或转发到其他控制中心。

（5）配网子站：接收配网子站的数据。

（6）天文钟：将天文钟定义为一种特殊类型的厂站。

2. 通道类型

（1）串口：用于终端服务器。

（2）网络：用于采用网络通信方式。

（3）虚拟：用于不是直收数据而是由其他通道转发过来的情况。

（4）天文钟：一种采用中断方式接收天文钟数据的特殊通道。

（5）网络天文钟：一种采用网络方式接收天文钟数据的特殊通道。

3. 通道对于分布式数据采集的设置

（1）通道所属的数据采集区域。

（2）通道是否是其他数据采集区域的备用通道，如果是则在正常的分区并列运行时，此通道处于备用状态，如果分区解列时，此通道转为值班状态。

（3）通道如果是其他数据采集区域的备用通道，则采用何种备用方式：冷备或者热备。冷备方式是指在正常的分区并列运行时，此通道不建立通信连接，当分区解列时才建立通信连接。热备方式是指在正常的分区并列运行时，此通道就处于正常通信状态，只是通道状态一直保持为备用。

习　题

1. 通信厂站表是由哪张表触发的？
2. 同一厂站的不同通道的值班、备用状态判断原则是什么？

第三节　网络分析应用功能介绍

学习目标

了解智能电网调度自动化系统的网络分析应用功能。

知 识 点

随着电力系统的迅速发展，电力系统的结构和运行方式日趋复杂，调度中心的自动化水平也不断得到提高。为保证电力系统运行的安全、稳定、经济、优质，要求调度自动化系统能够迅速、准确而全面地掌握电力系统的实际运行状态，预测和分析系统的运行趋势，对运行中发生的各种问题提出对策。电力系统分析在线应用有助于调度员掌握系统实际运行状态，解决和分析系统中发生的各种问题，并对系统的运行趋势做出预测，确保了电力系统的安全和经济运行。

由 SCADA 提供的开关信息和量测数据是网络分析数据的总来源，是整个网络分析应用软件的基础。实时网络状态分析的内容包括：网络建模、状态估计和调度员潮流，其中最主要的功能是状态估计。通过运行状态估计程序能够提高数据精度，滤掉不良数据，并补充一些量测值，为电力系统高级应用程序的在线应用提供可靠而完整的数据。基于正确的状态估计结果，在线调度员潮流模块能够作在线潮流计算或模拟操作为实际调度操作的可行性或操作后的方式调整提供理论依据，保证了电力系统的安全可靠运行。

由状态估计产生的实时方式和潮流产生的研究（假想）方式作为基础断面，以网络的经济性与运行的安全性为目标的网络分析软件应运而生，包括灵敏度计算、可用输电能力、安全约束调度、静态安全分析、电力系统静态等值、故障计算等软件模块。

一、模型更新

1. 功能概述

模型更新是网络分析的基础模块。通过模型更新，将电网各元件的电气连接关系以及参数录入 NAS 网络数据库。电网元件的电气连接关系是应用软件进行网络分析计算的基础，必须使所建的模型和实际的运行方式相一致，才能保证应用软件结果的正确性。

2. 电网的数学模型

不论是根据电路理论的基本关系来推算电力系统的运行参数（通常指的"手算"方法），还是使用计算机来进行电力系统的分析计算，电力系统元件及其连接方式，都必须用等值电路来表示。因此，在进行电力系统分析研究时，首先要研究电力系统各元件的电气参数和等值电路，以及整个电力系统的等值电路。

在进行电力系统各元件参数计算时，认为系统的频率保持不变，即不计参数的频率特性。

二、状态估计

1. 功能概述

电力系统状态估计就像一个装设在系统原始量测数据和需要完整且可靠系统数据的其他电力系统应用之间的滤波器，它利用实时量测系统的冗余度来排除量测数据错误信息和开关状态错误信息来提高数据精度，得到系统状态变量（母线电压的相角和幅值）的最佳估计值和正确的电网开关状态，并推算出完整而精确的电力系统各种状态量，最终提高了整个数据系统的质量和可靠性，建立一个可靠而完整的电力系统实时数据库。它可以检验断路器、隔离开关的状态，去除不良数据，计算出比 SCADA 遥测数据更为合理的运行方式数据，以及未装量测采集装置设备的潮流，而且能辨识出难以测量的电气量。状态估计提供了更合理的运行方式供调度运行人员监视系统运行，并为其他应用软件提供完整实时系统运行方式。

状态估计具有如下功能：快速结线分析，开关错误状态辨识，逻辑法可观察分析，状态估计，网络监视，母线负荷模型、变压器抽头估计、量测误差估计，可疑数据识别统计等。

2. 状态估计对 SCADA 遥信遥测获取

状态估计为了计算出一个真实的系统状态，首先必须获取 SCADA 系统采集的设备遥信状态与遥测值，并在此基础上进行准确值估计。状态估计从 SCADA 中取得各种设备的如下数据值和状态：断路器状态，隔离开关状态，线路有功功率、无功功率、电流，变压器有功功率、无功功率、电流、挡位，负荷有功功率、无功功率、电流，发电机有功功率、无功功率、电流，母线电压等。所有这些数据在 SCADA 中需有定义，没有定义的数据不从 SCADA 获取，有功功率、无功功率、电流、挡位量测并非所有设备都有，无实测量可以在 SCADA 中没有定义。所有数据的量测质量位也必须是可供状态估计使用的状态。需注意的是断路器状态和隔离开关状态，如果在 SCADA 中已经定义，无实测的须设置正确状态；如果在 SCADA 中没有定义，须在状态估计中用"伪遥信"设置正确的断路器、隔离开关状态。

3. 网络结线分析

结线分析即网络拓扑，主要作用是根据电网中断路器、隔离开关等逻辑设备的状态以及各种元件的连接关系产生电网计算用的母线和网络模型，通过闭合的开关刀闸连接在一起的节点（在网络建模时建立的连接设备的物理点，可理解为设备间的结头，包含通常说的厂站母线）形成一个计算用的母线节点，其特点是所有包含在母线节点中的物理节点电压相等。

连接在这些物理节点上的线路、变压器称为支路，支路是连接在两个母线之间的设备，连接在这些物理节点上负荷和发电机称为注入量。通过支路连接在一起的电网设备称为一个岛，如果岛内既有发电机又有负荷，称为活岛，否则称为死岛。一个电网活岛的个数通常称为子系统个数；通常一个正常运行的系统只有一个活岛，如果一个电网有多于一个的活岛，称这个系统解列运行。

网络拓扑分析了每一母线所连元件的运行状态（如带电、停电、接地等）及系统是否分裂成多个子系统，并能在图形界面上实现拓扑着色。

网络拓扑可分为系统全网络拓扑和部分拓扑，在状态估计重新启动时或开关刀闸状态变化较大时，使用系统全网络拓扑，以后一有断路器、隔离开关变位则对变位厂站进行部分拓扑。由于系统全网络拓扑要搜索系统内所有设备，需要时间长一些，部分网络拓扑只对变位断路器、隔离开关相关设备搜索，因此速度要快得多。

4. 断路器状态辨识及遥测预处理

错误的遥测遥信数据对状态估计计算的影响非常大，因此在进行状态估计计算之前需要对有量测数据错误的预处理功能，排除量测数据中较为明显的错误。目前在状态估计中设置的量测数据预处理功能主要采用规则法，结合设备对应的遥信遥测数据进行判断。

5. 可观测性分析

状态估计只对电网可观测部分进行计算。可观测分析功能可指出系统中哪些节点是不可观测的（即根据 SCADA 现有遥测不能计算出节点电压幅值或角度，节点电压幅值计算不出称为节点无功不可观测，节点电压角度计算不出称为节点有功不可观测）。状态估计采用逻辑法进行可观测分析，再采用数值分析法校验。认为通过有量测支路连接的系统是可观测的，节点注入型量测可转化为相连的一个无量测支路量测。为了能对全网状态估计，由程序自动在不可观测节点增加有功或无功注入伪量测，伪量测的数值将取上一次状态估计结果的节点注入或者计划数据。

6. 状态估计算法

状态估计计算出一个完整的系统运行状态，计算出所有发电机输出功率、所有节点负荷大小、母线电压幅值及相角、所有线路潮流、变压器潮流。状态估在实际运行时，其计算值应与 SCADA 量测基本一致。从全网角度看状态估计得到了比 SCADA 遥信、遥测更准确更全面的系统运行状态。

状态估计采用快速解耦算法，用户可选择基本加权最小二乘法或正交变换法。两种算法都具有较好的收敛性，都能满足需要。其中基本加权最小二乘法计算速度较快；正交变换法某些情况下对网络和量测数据适应性稍强一些。

状态估计计算结果可图形显示也可列表显示，其中包括线路潮流、变压器器潮流、发电机输出功率、负荷大小及母线电压幅值角度等。从厂站图上可见每一线路有功、无功电流，变压器各侧有功、无功电流，每一负荷大小，母线电压幅值角度，发电机有功功率和无功功率等，并不受设备量测限制。

用人工置数改变 SCADA 线路有功和无功、变压器有功和无功、发电机负荷有功和无功及母线电压值，人为制造一个量测坏数据时，会发现状态估计仍然计算出正确的设备潮流和母线电压等。

7. 可疑数据检测

状态估计为提高计算结果准确性，必须排除偏差明显过大量测的影响，需要检查出可疑数据并估计出正确值。状态估计中采用逐次型估计辨识法，将可疑数据检测辨识在状态估计迭代过程中一并完成，不仅计算速度快，辨识正确，而且收敛性好。能正确对各设备的错误量测进行辨识，包括：线路潮流可疑量测辨识、变压器潮流可疑测点辨识、发电机有功无功错误量测值辨识、负荷有功无功错误量测辨识、母线错误电压量测辨识、以上合成多个相关可疑数据辨识。

状态估计每次计算后，将检查出的可疑量测在"可疑数据表"列出，表中列出了可疑数据的位置（设备）类型（有功或无功），量测值，状态估计计算值以及量测值与估计值的偏差。使用者可以根据这些信息对系统遥测数据进行检查维护。

8. 量测屏蔽

为了提高状态估计计算结果的精度，可以人为将单个或多个明显错误量测屏蔽，屏蔽掉的测点将不参加状态估计。可屏蔽量测包括以下几个方面：

（1）厂站量测屏蔽：当某厂站远程终端控制系统（RTU）故障或其他原因使厂站内所有量测均不可靠时，可用厂站量测屏蔽，该厂站所有量测将不参加状态估计计算。通过操作菜单"变位设置"将"屏蔽"置成"T"即可。

（2）断路器、隔离开关状态屏蔽：状态估计实时运行时从 SCADA 获取断路器、隔离开关状态并根据遥测数据对断路器、隔离开关状态进行校验。但在状态估计可以通过厂站图中人工设置断路器、隔离开关状态，而不从 SCADA 取其状态信息也不进行状态合理性检验，而认为人工设置状态是正确的，称为断路器、隔离开关状态屏蔽。所有屏蔽的断路器、隔离开关都列在遥信屏蔽表中。

（3）发电机量测屏蔽。

（4）线路量测屏蔽：可屏蔽变压器有功或无功量测，对于由电流折算有功或无功的线路，也不进行折算参加状态估计。

（5）变压器量测屏蔽：可屏蔽变压器有功或无功量测，也不用电流折算成有功或无功量测参加状态估计。可单独对变压器挡位量测进行屏蔽。当"挡位屏蔽"置成"T"时，状态估计不从 SCADA 取实时挡位，而由人工设置挡位或由程序计算挡位。

（6）母线电压量测屏蔽。

（7）负荷量测屏蔽。

（8）伪量测屏蔽：设置伪量测表中的伪量测是否参加状态估计。

使用者可在不同类型量测控制表中实现对遥测屏蔽，厂站控制表实现对厂站量测屏蔽；发电机量测表可对单个发电机量测屏蔽；线路量测表可对单个线路量测进行屏蔽；变压器量测表可对单个变压器量测屏蔽；母线电压量测表可对单个母线电压量测屏蔽；负荷量测表可对单个负荷量测屏蔽；伪量测表可控制是否使用某个伪量测。

以上所有量测控制表列出的设备都是有实测的，其中有功或无功量测是成对屏蔽的，变压器挡位量测和母线电压量测是单个屏蔽的。

9. 量测权值控制

状态估计采用加权最小二乘法进行计算，测点权值起到重要作用。某测点权值高，计算中会认为该测点相对准确；某测点权值低，计算中会认为该测点不太可靠。因此测点权值设置正确，可以提高状态估计计算结果精度。状态估计可对单个测点或一类测点权值进行控制。

缺省权值控制：当使用者没有对单个测点权值设置时，状态估计对发电机量测、线路量测、变压器量测、负荷注入量测、母线电压量测、零注入以及伪量测的缺省权值进行控制，权值越大即认为其越准确可靠。

单个测点数值控制：状态估计同时可对单个设备如发电机量测、变压器量测、线路量测、电压量测以及单个伪量测的权值控制。单个设备权值设置后，计算中使用设置的权值，而不使用缺省权值。

状态估计的量测缺省权值在"权值控制表"中设置，不同类型的量测可设置成不同的权值。一般零注入量测权重应最高，它是绝对准确的；注入量测一般权重稍低一些，因为它可能由多个负荷量测值相加而得，可能误差较大。

状态估计可对各个设备量测权值进行分别设置。发电机量测表可对单个发电机量测权值设置；线路量测表可对单个线路量测权值设置；变压器量测表可对单个变压器量测权值设置；母线电压量测表可对单个母线电压量测权值设置；负荷量测表可对单个负荷量测权值设置；伪量测表可对单个伪量测权值设置。

三、调度员潮流

1. 功能概述

调度员潮流（dispatcher power flow）是 EMS 最基本的网络分析软件之一，调度员可以用它研究当前电力系统可能出现的运行状态，计划工程师可以用它校核调度计划的安全性，分析工程师可以用它分析近期运行方式的变化。

软件维护工程师保持日常调度员潮流软件数据和调整模型的良好状态，可以随时为其他网络分析软件提供"研究方式"（或称"假想方式"）。此外，潮流还是其他网络分析软件的基本模块（给出一组母线注入功率，计算机其电压的相角与幅值）。

本章介绍潮流计算的发展历史（最常用的牛顿法和快速分解法）、潮流的控制模型、灵敏度分析、潮流的应用、潮流收敛性的改进和调度员潮流应用软件的设计等。

2. 调度员潮流基本模型

调度员潮流基本模型是根据各母线注入功率计算各母线电压和相角，母线划分为 3 种类型：有功功率－无功功率（P－Q）、有功功率－电压（P－V）、电压－电压相角（V－θ），不同类型母线的已知量和未知量见表 5－1。

表 5－1　　　　　潮 流 不 同 母 线 类 型

母线类型	已知量	未知量
P－Q	P、Q	V、θ
P－V	P、V	θ、Q
V－θ	V、θ	P、Q

潮流方程即母线注入方程：

$$P_{\mathrm{G},i} - P_{\mathrm{D},i} = \sum_{j \in i} V_i V_j (G_{ij} \cos \theta_{ij} + B_{ij} \sin \theta_{ij}) \quad (i = 1, 2, 3, \cdots, n)$$

（5－1）

$$Q_{\mathrm{G},i} - Q_{\mathrm{D},i} = \sum_{j \in i} V_i V_j (G_{ij} \sin \theta_{ij} - B_{ij} \cos \theta_{ij}) \quad (i = 1, 2, 3, \cdots, n)$$

（5－2）

式中：$P_{\mathrm{G},i}$ 为母线 i 的有功发电功率值；$Q_{\mathrm{G},i}$ 为母线 i 的无功发电功率值；$P_{\mathrm{D},i}$ 为母线 i 的有功负荷功率值；$Q_{\mathrm{D},i}$ 为母线 i 的无功负荷功率值；θ_i 为母线 i 的电压相角；V_i 为母线 i 的电压幅值；G_{ij} 为母线导纳矩阵元素 ij 的电导值；B_{ij} 为母线导纳矩阵元素 ij 的电纳值；$\theta_{ij} = \theta_i - \theta_j$；$n$ 为母线数，即 $i = 1, 2, 3, \cdots, n$。

基本潮流就是求出各母线的状态量，即满足潮流方程式（4－1）和式（4－2）的 θ_i 和 V_i。这是一个 $2n$ 个非线性方程求解 $2n$ 个未知量的问题，实际上 θ－V 母线（也称缓冲母线，slack bus）的电压相角和幅值是已知的；P－V 母线的电压幅值是已知的（假设为 p 个），实际解的维数是（$2n-2-p$）。

潮流基本模型是一个高维数的非线性方程组问题。

习　题

1. 状态估计具有哪些功能？
2. 模型更新的功能是什么？

第四节　典型故障分析及处理思路

学习目标

1. 规约和通道参数设置错误、人机界面异常等故障类型介绍。
2. 遥信丢失、数据跳变、公式不计算等常见故障的排查方法。

知识点

智能电网调度技术支持系统在实际运行过程当中，由于硬件、软件总会出现一些异常，或者由于人为的原因，对系统的运行产生了影响，必须掌握一定的排查规则，才能有效地维护系统的正常运行。

常见的系统故障类型有规约和通道参数设置、人机界面异常、SCADA 数据库数据录入错误、画面链接错误、系统参数或配置文件设置错误、PAS 参数设置错误等。本节将举例说明这些类型的故障会产生的故障现象。

另外，总结了智能电网调度技术支持系统中最常见的一些故障现象，包括遥信丢失问题、数据跳变问题、公式不计算问题等，并详细介绍这些故障的排查方法。

一、智能电网调度技术支持系统常见故障类型

（一）人机界面的正常状态介绍和错误状态介绍

EMS 人机界面是用户与系统传递、交换信息的接口和媒介，是 EMS 系统的重要组成部分。

1. EMS 系统对人机界面的要求

电网调度自动化系统的人机界面应具备以下功能：

（1）支持显示至少 16M 色的各种主流格式的图片及图像。

（2）提供配色方案功能，供用户选取和修改。

（3）电网拓扑结构潮流图能支持拖拽编辑功能，图中各元件能直接建立连接关系。

（4）支持图层显示功能，各图层可分别显示不同功能的结构图层。

（5）图形显示中出现的厂站名、设备名等能支持超链接功能，如：点击厂站名则进入该厂站的单线图等。

（6）支持 TIP 功能，当鼠标在特定设备悬停时，可显示出用户关心的内容。

（7）所有的显示图形均支持鼠标滚轮多级缩放的功能，图形缩放应不破坏图形中原有的超链接、TIP 功能及其他功能定义。

（8）对来自历史库或实时库的数据均能在一幅曲线画面上，以多条不同颜色、不同类型曲线的形式展示。

（9）实时趋势曲线的生成和激活，在在线运行环境下任何时候都可以进行，实时数据库中每一模拟量点和临时计算量都可作为采样点。

2. 人机界面正常状态和错误状态的判断方法

（1）人机界面正常状态。人机界面状态正常时，能够动态显示设备的实时运行状态，包括遥信、遥测数值以及对应的遥信、遥测状态信息，能够正确显示出实时曲线和历史曲线。

（2）人机界面错误状态。人机界面出现错误时，则会发生实时数据不刷新、图形不能打开、趋势曲线显示错误等现象。

以下介绍一些排查方法。

（1）厂站图上实时数据不刷新。

判断方法：多调几幅厂站图观察实时数据是否都不刷新。

如果所有厂站实时数据都不刷新，说明人机界面是不正常的。

如果有部分厂站实时数据刷新，说明人机界面是正常的。

另外，由于采集遥测数据时，其值的变化在扰动限值范围之内是不更新到库中的，也可通过其他手段进一步判断。如果图形上显示的数值和数据库中的数值是一致的，则说明人机界面是正常的。

（2）画面打不开。

判断方法：可通过切换画面的方法检查图形打不开的原因。如果其他图形能打开，说明人机界面是正常的，有可能是该画面图形文件遭破坏、切换画面链接被修改或原画面名称被修改。

（3）调取遥测今日和历史趋势曲线，显示不正常。

判断方法：查看其他的遥测点的趋势图是否能正常显示。

如果其他遥测也不能正常显示趋势图，说明人机界面与历史库和实时库的连接出现故障，人机界面不正常。

　　如果其他遥测能正常显示趋势图，说明该遥测点没有定义趋势曲线或者没有进行历史采样的定义。

（二）规约和通道参数设置造成的故障现象及排查方法

　　前置系统在接收厂站数据时，都需要做一些设置才能保证通信的正常，接收数据的正确、可信。相反，如果在规约和通道参数方面设置不当，肯定会造成通信故障，接收数据异常等现象，以下介绍一些排查方法。

1. 收不到通道报文

　　在报文监视工具内看不到报文显示，首先检查所采用传输的规约是否与厂站一致，然后检查通道内是否有原码显示，主要是通道内的通信波特率、起始位、数据位、停止位以及奇偶校验不一致导致。

2. 报文解释不对

　　在报文监视工具内能够看到正常的报文通信过程，就是解释出来的数据不对。首先要核对规约的版本是否与厂站一致，其次就是传送数据的起始地址是否一致等等信息是否一致。

3. 报文问答不正常

　　某些厂站采用问答式方式传输数据，问答不正常。首先检查通信双方的站址设置是否一致，然后再检查通信参数设置是否正常一致等。

4. 遥控报文不成功

　　首先检查程序是否已经有下行遥控报文的发送，然后检查下行通道是否正常连接，其次检查通道表内设置的站号是否正确等等。

5. 通道频繁故障

　　通道频繁故障主要是由于通道的误码率导致，设法改善通道通信的质量，其次就是刷新的数据不够多，达到前置的故障阈值导致，可以适当地提高故障阈值的设定值。

（三）数据库数据录入错误引起的故障现象及排查方法

　　SCADA 应用常用的数据包括遥测、遥信、计算量，相应的参数类型包括通信参数、限值参数、计算公式参数等。若发生错误数据录入，则系统某些数据或某些功能可能会出现异常，引起故障。

　　SCADA 数据库录入错误引起的故障现象主要包括遥测、遥信、计算量数值不准确；越限功能异常；遥控/调档不成功等。

SCADA数据库录入错误的排查方法主要包括检查遥测、遥信的通信参数；检查计算公式定义；检查遥控、调档的控制参数等。

下面分别介绍遥测、遥信、计算量的数据录入错误引起的故障现象及排查方法。

1. 遥测数据的故障现象及排查方法

（1）故障现象：数据不准确，与现场数据不符。

排查方法：

1）检查厂站的通信参数、规约设置是否正确，通信状态、报文解析是否正常。

2）在前置遥测定义表中，检查该遥测的通信参数定义是否完整、正确，包括通道ID、点号、系数、基值等。通过TASE2规约接收的数据，需检查变量名是否正确。

3）在遥测定义表中，检查该遥测的合理值上下限的定义是否合适。

（2）故障现象：越限功能异常。

排查方法：

1）在限值表中，检查该遥测的限值定义是否正确。

2）在限值表中，检查是否定义了该遥测的越限延时告警参数。

2. 遥信的故障现象及排查方法

（1）故障现象：数据不准确，与现场数据不符。

排查方法：

1）检查厂站的通信参数、规约设置是否正确，通信状态、报文解析是否正常；

2）在前置遥信定义表中，检查该遥信的通信参数定义是否完整、正确，包括通道ID、点号、极性等，对于通过TASE2规约接收的数据，需检查变量名是否正确。

（2）故障现象：遥信变位告警功能异常。

排查方法：检查是否定义了延时告警参数。

（3）故障现象：遥控或变压器调挡不成功。

排查方法：

1）检查厂站的通信参数、规约设置是否正确，通信状态、报文解析是否正常；

2）检查遥控关系表中的厂站ID、遥控序号、遥控类型、超时时间等参数是否定义完整和正确；

3）对变压器调档，还需检查是否正确定义挡位遥信关系表中变压器与相关遥信的对应关系。

3. 计算量的故障现象及排查方法

（1）故障现象：数据不准确。

排查方法：

1）检查公式定义是否正确，包括分量定义、公式串定义、公式计算周期等参数；

2）检查参与公式计算的各分量数据是否正确；

3）检查计算量的合理值上下限的定义是否合适。

（2）故障现象：越限功能异常。

排查方法：

1）在限值表中，检查该计算量的限值定义是否正确；

2）在限值表中，检查是否定义了该计算量的越限延时告警参数。

（四）画面链接错误引起的故障现象及排查方法

画面链接通常包括设备图元的链接和动态数据的链接，在图形绘制的过程中链接错误出现的频度比较高。故障现象一般为数据显示不正常、设备显示不正常、网络拓扑相关的应用功能不正确等。故障的排查方法一般也是基于图形绘制工具本身的特点和功能而判断。

下面介绍画面链接错误引起的常见故障现象及排查方法。

1. 动态数据关联数据库错误排查方法

故障现象：画面显示数据不正确。

故障原因：画面的动态数据未能正确关联到数据库中的某一量测点。

排查方法：

1）在图形编辑界面，点击动态数据，观察 TIP 显示或者属性显示中关联的数据库量测是否正确。

2）在图形编辑界面，点击工具栏上的"显示数据库连接"按钮，没有进行数据库联接的动态数据上将出现一个黄色的问号以提示用户。

2. 设备图元关联数据库错误排查方法

故障现象：显示时设备颜色或状态不正常。

故障原因：画面中的设备图元未能正确地关联到数据库中的某一设备。

排查方法：

1）在图形编辑界面，点击设备图元，观察 TIP 显示或者属性显示中关联的数据库设备是否正确。

2）在图形编辑界面，点击工具栏上的"显示数据库连接"按钮，没有进行数据库联接的设备上将出现一个黄色的问号以提示用户。

3. 链接关系错误排查方法

故障现象：基于网络拓扑的功能不正常，如网络拓扑着色。

故障原因：端子空挂、联接设备类型不匹配等。

排查方法：

1）在图形编辑器界面，点击工具栏上的"显示焊点"按钮，以检查明显的链接错误。

2）在图形编辑界面，点击"图形保存"按钮后，将在底部的告警栏中显示链接错误相关的告警信息。

3）在图形编辑器界面，用"节点入库"功能，根据电网拓扑关系排除相关错误。

（五）系统参数或配置文件设置错误引起的故障现象及排查方法

系统参数配置包括操作系统的参数配置和应用软件的参数配置。

参数配置错误将会导致应用功能的不正常、机器运行的不正常，甚至导致整个系统运行不正常。

下面介绍常见的系统配置文件错误引起的故障现象及排查方法。

1. /etc/hosts 各主机名以及 IP 地址配置文件

hosts 文件存放系统中各主机名以及 IP 地址。此文件配置错误将导致各主机之间网络通信异常。文件示例如下：

```
hostname0-1 192.168.10.1
hostname1-1 192.168.10.2
```

排查方法：可以用 ping 命令来判断此文件配置是否正确。

2. mng_priv_app.ini 节点启动应用配置文件

mng_priv_app.ini 文件配置节点启动应用的属性。此文件配置错误将导致节点应用启动不成功。文件示例如下：

```
[Hostname0-1]
OS_TYPE=1（系统类型，1 为服务器，2 为工作站）
NODE_ID=160000001（节点 ID 号，必须与节点信息表中，对应的设备的节点 ID
一致）
CONTEXT=1
```

```
APP_NAME=BASE_SERVICE

APP_ID=131072000

APP_PRIORITY=1

PROC_CONFIG=_SERVER

SCRIPT_MODE=1（1 代表启用 expand.sh 脚本，0 代表不启用）
```

排查方法：这种情况下，启动窗口有明显的错误提示。可以根据提示排查此文件中配置的错误。

3. mng_app_num_name.ini 应用号与应用名的对应关系文件

mng_app_num_name.ini 文件存放应用号与应用名的对应关系，以及系统资源监视的告警参数。其中，仅告警参数可以修改。示例如下：

```
[SYSINFOMONITOR]

DISK_WARNLIMIT=98

CPU_WARNLIMIT=80

NTP_WARNLIMIT=10
```

此文件配置错误将导致系统资源监视的告警功能不正常。

排查方法：检查文件中的告警参数。

4. domain.sys 所属的域信息文件

domain.sys 文件配置节点所属的域信息，同一个域的节点的配置文件相同，不同域的节点的配置文件不同。文件配置错误将导致该节点与同一个域的其他节点均不能正常通信，文件示例如下：

```
[DOMAIN]

NAME=NJ_DEV

TYPEID=0

[SYSTEM]

SYS_ID=8
```

排查方法：检查文件中的配置。

5. net_config.sys 本机各网卡的名称及 IP 地址文件

net_config.sys 文件存放本机各网卡的名称及 IP 地址。此文件配置错误将导致该节点的网络通信程序启动不成功，最终导致节点启动不成功。文件示例如下：

```
[Hostname0-1]

NUMBER=2（2 代表使用两个网络地址，1 代表使用一个地址）

FIRST_NAME=Hostname0-1
```

FIRST_SERVICE_IP=192.168.10.1

SECOND_NAME=Hostname0-2

SECOND_SERVICE_IP=192.168.11.1（接下来的配置是用来配置测试地址。通过主机定时 ping 测试地址，来判断主机是否在线。所以一般测试地址是主交换机的地址。）

SWITCH_INTERVAL=30（代表主机每隔 30 秒 ping 一次测试地址）

BYTE_PLACE=3（接下来 3 条开始设置测试地址。BYTE_PLACE=3 代表以主机地址为基础，把第 3 位的值加上 ADDED_NUMBER 的值，也就是 6，第四位的值设为 LAST_BYTE 的值，也就是 254。本台主机的测试地址为 192.168.16.254 和 192.168.17.254）

ADDED_NUMBER=6

LAST_BYTE=254

DEFAULT_ROUTE=0

排查方法：这种情况下，启动窗口有明显的错误提示。可以根据提示排查此文件中配置的错误。

6. graph_homepage.ini 主画面的图形文件

graph_homepage.ini 文件配置主画面的图形文件名以及快捷调用的图形文件名信息。此文件配置错误可能导致图形初始启动不会自动进入主画面或快捷调图功能不成功。文件示例如下：

［主画面］

HOMEPAGE＝画面名（图形文件名）

［常用画面］

usual_graph_name_1＝画面名 1（图形文件名）

排查方法：检查文件中主画面图形文件名和常用画面图形文件名（快捷键对应的图形文件）是否正确。

（六）PAS 参数设置错误引起的故障现象及排查方法

PAS 的功能模块包括网络建模、状态估计、调度员潮流、负荷预报、电压无功优化、网络安全与经济运行、静态安全分析、故障计算、安全约束调度、灵敏度分析等。下面就常用的网络建模、状态估计及调度员潮流三个模块，介绍其参数设置错误引起的故障现象及排查方法。

1. 网络建模中的故障现象分析

（1）故障现象及产生原因。输入的参数类型和网络建模中设定的类型不一致，设备参数偏离正常值。如：

实际参数输入的是有名值，默认的参数类型选择的是标幺值；实际输入参数是标幺值，默认的参数类型选择的是有名值；电容、电抗器容量填的是 kvar，但实际的容量是 Mvar 等。

（2）排查方法及参数修正。在层次库中检查各类设备的具体参数：电阻、电纳是标幺值的 100 倍，容量都是 M 单位级的，如有特别大的参数，需要查看原始参数来源和参数类型。

2. 状态估计中的故障现象分析

（1）故障现象及产生原因。收敛判据设置过大，状态估计收敛，SCADA 源数据潮流分布合理，但估计后的结果偏差比较大；零注入权重设置偏小，状态估计和 SCADA 量测偏差不大，但存在一些明显不平衡的量测造成估计结果偏向于错误值。

（2）排查方法及参数修正。

1）在状态估计的控制参数设置中检查收敛判据：有功范围 0.0001～0.01，一般设为 0.001；无功范围 0.0001～0.01，一般设为 0.001 或 0.002。

2）在状态估计的控制参数设置中检查权重设置：有功零注入一般在 15～30，无功零注入一般在 15～30。

3. 调度员潮流中的故障现象分析

（1）故障现象及产生原因。平衡机设置不合理引起部分机组有功功率偏大。

一般选取外网的等值电源点作为平衡机，内部的缺额主要由网供来提供。对于一些特殊的网络，需要设置多平衡机；某些厂站的电压严重越下限甚至于不收敛，一般是因为 PV 节点设置不合理造成的。对于离平衡机比较远的厂站或远距离大功率输电，附近如有电源，需根据实际的方式设置 PV 节点，使电压不至于降低太多。

（2）排查方法及参数修正。在调度员潮流的发电机控制画面，检查平衡机及 PV 节点的设置。一般不建议把平衡机人工设在内网的实际发电机上。如果用户没有选择平衡机，程序默认容量最大的机组为平衡机。

二、SCADA常见问题的处置方法

出现异常时要以恢复现场系统功能为首要原则，在不影响现场系统运行条件下，要保留故障现象，便于查找故障原因。

在系统发生故障时，紧急处置的操作建议是：① 优先切换主备；② 重启关联进程；③ 重启应用；④ 重启硬件设备。

（一）遥信变位丢失问题排查（仅主站问题）

图 5-6 为遥信上传的流程，首先要确认问题现象，遥信丢失发生在哪一步。

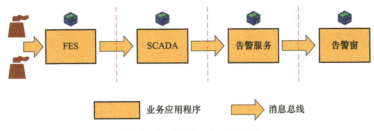

图 5-6　遥信上传的流程

根据遥信丢失的位置可以按如下步骤来排查：

（1）检查遥信变位在 fes_event 中是否能查到该遥信，若没有，则表示前置未收到变位，需要查看前置报文。

（2）若 fes_event 中能看到，再确认厂站是否双通道接入方式，若是双通道，则检查 fes_lockfast 进程是否拉起，若未拉起，则查询"通道值班备用"告警，查找丢失遥信的时刻，该厂站是否发生通道值班备用切换，若产生变化遥信的通道在问题时刻被切为备通道，且主通道未收到此遥信变位，由于未启动数据保险箱，会导致备通道的遥信变位丢失（该情况在地县一体化系统中常见）。

（3）若 fes_lockfast 进程拉起，或主备通道都收到遥信变位，查看 fes_net 的 log 日志确认问题时刻是否向 scada 发出了该变位，若未找到对应的日志，则表示 fes_net 发送时出现异常；

（4）若 fes_net 正常发送，再检查通道所在前置机以及 SCADA 应用主机上 app_msg.log 中问题时刻是否有"消息失效"日志，若发现消息失效，检查 src_host 是否问题所在前置机，chan_id 是否 CH_REAL_UP_DATA 通道号码，若确认发生消息失效，则表示在消息传送过程中出现问题导致变化遥信未能送到 SCADA。

（5）D5000 v3.0.3 版本可检查 $D5000_HOME/var/log 下是否存在 sca_point 目录，若存在，该目录下会回滚存储 7 天的日志，通过日志检查问题时刻是否收到了前置上送的变化遥信报文，若确实收到，可证明前置环节无问题。

（6）若遥信变位丢失时间距当前时间未超过 25h，可使用人工启动 pdr 功能，在问题时刻植入一条 pdr 记录，启动事故反演来检查问题时刻是否有变位告警，以验证前置与 SCADA 环节是否有问题。

（7）检查问题时刻 SCADA 应用主机 warn_server_ctx1.log 日志，该日志也

仅保留 7 天，该日志内仅显示一包告警中的第一条告警内容，不一定能将所有遥信变位记录下来。

（8）检查问题时刻的 DATA_SRV 应用主机$D5000_HOME/var/db_commit/ alarm_error 目录中问题时刻的日志是否存在 yx_bw 表提交失败的日志，若存在，表示数据库提交环节存在问题。

（9）以上排查若均正常，暂无更多流程化排查办法，联系研发人员处理。

（二）数据跳变问题排查

1. 数据跳变现象

（1）直采数据出现个别毛刺。

（2）直采数据出现持续跳变。

（3）总加数据出现个别毛刺。

（4）总加数据出现持续跳变。

（5）实时数据未跳变，历史采样数据间隔性出现跳变。

（6）本系统数据未跳变，转发数据跳变。

图 5-7 为遥测上传的流程，首先要根据遥测数据跳变的现象，判断跳变发生在哪一步、是由哪个进程处理的。

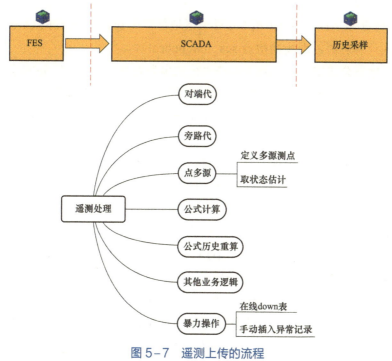

图 5-7 遥测上传的流程

2. 排查方法

（1）优先检查直采数据是否发生跳变，需要查看前置报文。

（2）对于已经发生过的跳变问题，定位问题优先采用事故反演，对问题现象进行重现。

若可重现现象，则问题容易查找出具体原因；若不可重现现象，则只能通过已数据和相关日志进行分析推理，具体原因定位会存在一定困难。一定要在问题发生 25h 内人工启动事故 pdr，把当时的数据断面和报文先保存下来。

（3）对于正在发生的跳变问题，可通过 sca_view 工具进行接收数据的定位，至少可定位数据是 SCADA 以外产生，还是 SCADA 内部处理导致。主备机都要检查是否均发生跳变，若备机未异常（可通过 dbi 主机寻找模式，查看备机数据是否正常），优先切换应用主机，然后再定位问题。

（三）公式不计算问题排查

（1）首先确定是某一个公式不计算还是所有公式均不计算，若为后者，检查是否所有总加量曲线拉直线，若今日曲线已发现数据不变化，则事态严重，先紧急切换 SCADA 主备机，以恢复系统正常运行为主。

（2）若单个公式不计算，打开 sca_formula_define 工具，检查当前时间是否大于"开始时间"，检查当前时间是否小于"结束时间"。

（3）检查 SCADA 应用主机 bin 目录下是否存在 sca_cal 进程的 core 文件（实施过公式计算剥离的现场需检查 sca_fml_pubcal）。

（4）检查公式定义表中是否存在"公式串"为空的记录，需要删除此公式。

（5）打开 dbi，使用主机寻找模式检查该公式的结果值在备机是否正常计算，若是，可考虑先切换 SCADA 主备机，使数据先正常计算，保留现场交研发人员排查。

（6）若结果值在备机也未正常计算，可在主机上 kp sca_cal（实施过公式计算分离后需要 kp sca_fml_pubcal），重启公式计算进程，检查是否正常计算，若恢复正常，则保留备机的 sca_cal（或 sca_fml_pubcal）交研发人员排查。

（7）kp 后仍不能恢复正常计算的，检查公式是否跨应用取数（操作数包含非 SCADA 应用的测点），可在 SCADA 主机上打开 dbi 查看该测点所在的表是否能正常打开，若打不开应该是新增的应用未配置正确问题。

（8）若表能正常打开，考虑新增一个计算点，定义一个新的公式，将结果值写入到新增的计算点中。检查新定义的公式是否能正常计算，若可正常计算，有可能是原结果操作数出现在了两个不同的公式中且都为结果值，可检查是否存在此问题。

（9）若重新定义的公式也无法正常计算，检查跨应用操作数对应的域在域信息表中"域特殊属性"如何配置，若配置为"遥测/方式"，但该域没有对应的质量码（域号需为值域＋1），该操作数的值也无法在公式计算时取得，可考虑将该域的"域特殊属性"清空并重新下装该表。

（10）上述手段仍不能解决问题，可联系研发人员排查。

习　题

1. 人机界面错误状态下，常见的错误现象有哪些？

2. 遥信丢失问题应该如何排查？

第六章

系统运行与维护

第 一 节 系 统 运 维 实 例

 **学习目标**

1. 掌握智能电网调度自动化系统运维流程及注意事项。
2. 能熟练独立完成扩建一个间隔的系统配置及操作。

技能操作

一、智能变电站监控系统运维

(一) SCD 制作

1. 装置复制

从 SCD 中选择已存在的同型号装置，在已选装置上点击右键，选择"装置复制"，如图 6-1 所示。修改"装置复制"弹框中的"目标装置名称"和"目标装置描述"，然后单击"确定"。按照资料中虚端子表，修改新装置的虚端子连线（如一致，则无须修改）。

2. 通信参数修改

到对应的通信子网中，按照资料中地址规划，修改新装置的 IP、组播地址，如图 6-2 所示。

图6-1　复制IED

图6-2　修改组播地址

3. 测点描述修改

扩建间隔内的所有装置均复制完毕后，在新间隔的测控装置的"测点数据"中，修改测点名称，如图6-3所示。

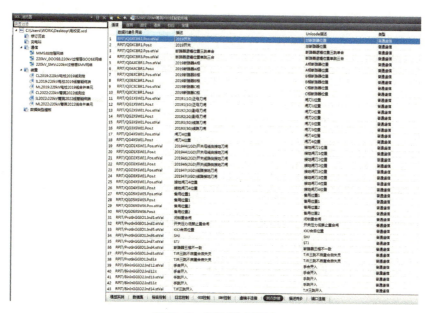

图6-3　修改测点描述

4. 导出配置

需要导出扩建间隔内 CL2022.IL2022.ML2022 三个装置的配置。点击"SCL 导出"按钮，选择最常用的"批量导出 CID 和 Uapc-Goose"，如图 6-4 所示，选择需要导出哪些装置的配置以及导出后的存放目录，点击"导出"，即可完成配置导出。

图 6-4 批量导出配置

（二）监控系统制作

1. 画面制作

画面制作主要涉及主接线图制作和间隔分图制作。采用复制原有间隔图形的方式，主要涉及两个步骤：一是复制图形，二是修改字符和测点名称。

（1）主接线图制作。调整画面布局，空出待建间隔图形位置，框选同类型间隔的所有设备和测点，点击右键，选择"复制"，然后再粘贴，调整至合适位置后，再选中新间隔图形并点击右键，选择"字符串替换"，所有一次设备图元名称及编号替换为新名称。复制间隔如图 6-5 所示。

图 6-5 复制间隔

再次选中新建间隔图形并单击右键，选择"加入间隔→增加"，如图 6-6 所示。

图 6-6 加入间隔

图形复制并修改完毕后，点击"填库"，在弹出提示窗中，选择"否"，待数据库配置完成后，再进行发布。填库成功后，数据库中会自动生成新间隔的一次模型，其数据源关联在数据库配置中完成。

（2）分图制作。打开既有间隔分图，然后点击"文件"→"另存为"，如图 6-7 所示，输入新画面的名称并确定，此时将自动生成新间隔分图。

图 6-7 新间隔分图复制

打开新间隔分图，选中所有图元及字符，点击右键，选择"字符串替换"，根据关键词，将分图中测点名称全部替换为新间隔的测点名称及数据源。若个别测点无法通过关键词替换完成更新时，可手动关联测点。

2. 数据库制作

画面制作完成后，会自动在数据库中生成对应的空厂站，其数据源测点尚未生成，因此，接下来要进行数据库制作。

（1）更新 SCD。找到相应的 SCD 文件，只选择"导入二次系统"，选择新扩建的测控装置即可，如图 6-8 所示。

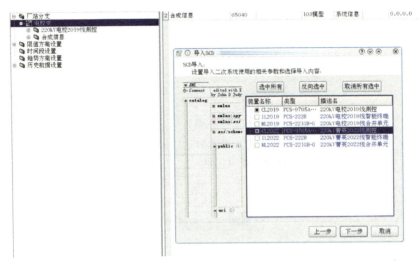

图 6-8 导入新增装置

（2）配置四遥测点。SCD 中新扩建的装置，在导入数据库后，需要对测控装置的进行四遥测点配置，主要有：遥信告警子类型设置，遥信关联遥控，遥测系数，遥测存储周期等，如图 6-9 所示。

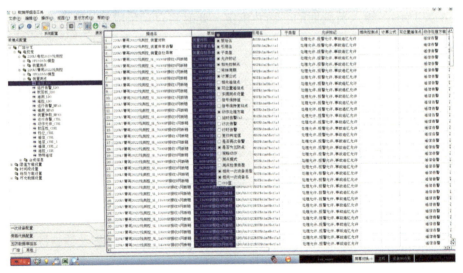

图 6-9 遥信属性设置

（三）数据通信网关机配置

1. 对下组态配置

打开组态配置软件，在菜单"工具"中，选择"更新 SCD 文本"，依次点击"确定"，进入"装置模板设置"页面，选择需导入的装置，并对 SCD 内装置导入规则进行配置，如图 6-10 所示。

图 6-10　导入装置选择

将导入组态的扩建间隔装置，在数据装置列表中修改 IP 地址、IEDName、装置类型等参数，然后在将新装置分配到对下通信规约中，并在对下规约装置列表中修改双网方式等规约相关参数，如图 6-11 所示。修改完毕后，再次核对对下规约中装置的各通信参数与规划是否一致。

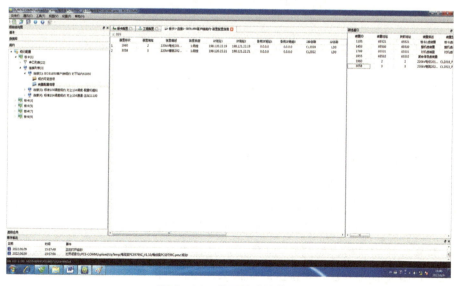

图 6-11　分配扩建的装置

2. 对上转发配置

对上通信需要按照调度转发表要求，在对上通信转发表中增加新装置的测点到固定的点号位置。

在左侧导航栏中找到"标准104调度规约"，点击相应的引用表，然后在"筛选窗口"选择需要转发的测点，通过右键菜单将其添加到组态中，选点结束后，可通过右键菜单继续对测点进行删除、移动、交换顺序等操作。调整测点点号如图6-12所示。

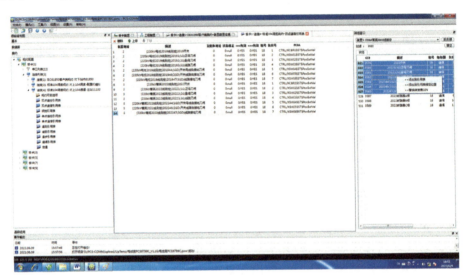

图6-12 调整测点点号

（四）装置下载

1. 测控配置下载

测控装置要实现与监控、远动等客户端的 MMS 正常通信，需要进行两步设置。

第一步：设置 IP，在液晶菜单中"通信参数"→"参公用通信参数"中，根据 SCD 文件中分配的 IP 地址，分别设置 A、B 网，其网段不同，子网地址一致。液晶上设置 IP 如图6-13所示。

第二步：配置下载，在调试工具中，添加 B01_device.cid、B01_goose_process.bin 文件，可快速下载测控装置所需各类配置。

装置连接完成后，如图6-14所示，打开"调试工具"，并在"下载程序"功能下，添加需要下载到装置里的配置文件，后点击"下载选择的文件"按钮，配置下载完毕后，将自动重启。

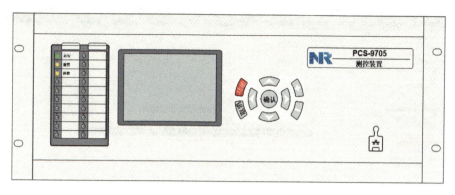

图 6-13 液晶上设置 IP

图 6-14 连接装置

2. 过程层装置配置下载

过程层装置有智能终端和合并单元，两种装置均为液晶，且调试口为 RS-232 串口，下载方法基本一致。

从 SCD 工具的导出配置界面，唤起调试工具，此时工具内的装置已添加完毕，在智能终端上点击右键，选择"连接"，连接类型选择"串口"，并制定串口端口号及波特率（115220bit/s）。装置连接完成后，打开调试工具，并在并在"下载程序"功能下，添加需要下载到装置里的配置文件，后点击"下载选择的文件"按钮，配置下载完毕后，将自动重启。

（五）交换机配置

交换机用于过程层时，要进行 VLAN 设置，将交换机所连扩建设备的端口 PVID 设置为规划值，再讲扩建设备的端口配置为同一个 VLAN，如图 6-15 所示。

二、智能电网调度技术支持系统运维

（一）数据库中 SCADA 应用下新建设备

使用 dbi 命令或点击总控台上的"数据库"按钮打开实时库界面，新增或

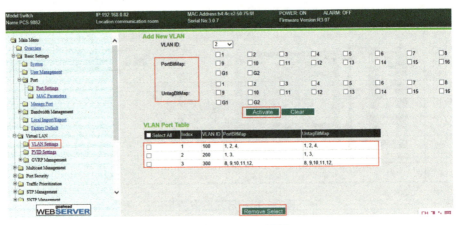

图 6-15 VLAN 设置

修改设备，需要新增或修改的表项包括但不限于：SCADA 应用下"设备类"中的间隔表、断路器表、隔离开关表、接地开关表、母线表、负荷表、T 交流线路表、交流线段表、交流线段端点表、变压器表、变压器绕组表、并联电容/电抗器表、单端元件表、保护信号表、其他遥信量表、其他遥测量表等。

（二）绘制图形并连接数据库

使用 GDesigner 命令或点击总控台上的"画面编辑"按钮或在画面显示（图形浏览器）界面上选择"新建编辑图形"，打开图形编辑器，按照图纸要求更改画面并连接数据库中的相应设备，保存图形并检查有无告警。点击"节点入库"，并排除告警。点击"网络保存"保存图形。

（三）点号、系数配置

打开实时库界面，在 FES 应用下配置点号、系数等信息，需要新增或修改的表项包括但不限于："定义表类"下的前置遥信定义表、前置遥测定义表、下行遥控信息表；"转发表类"下的前置遥信转发表、前置遥测转发表等。

（四）PAS 参数填写

打开实时库界面，在 PAS_MODEL 应用下填写相应的模型参数，需要修改的表项包括但不限于："设备类"下的交流线段表、变压器绕组表、并联电容/电抗器表等。

（五）其他项目

计算公式、报表等。

习 题

1. 智能变电站监控系统运维包括哪些操作？
2. 简述智能电网调度技术支持系统运维。

第二节 主厂站联合调试

学习目标

1. 掌握主厂站联合调试的基本概念。
2. 能根据主厂站联合调试基本流程及注意事项完成联调任务。

知识点

一、主厂站联合调试基本概念

主厂站联合调试，顾名思义，就是主站、厂站人员对变电站内所有"四遥"信号进行传动、核对，涉及厂站自动化设备、站内监控后台、调度数据网、二次安防系统、调度主站系统等，通过检修运行人员、自动化运维人员、调度监控人员等通力协作，完成对"四遥"信号正确性的核对。

主厂站联合调试本是电力生产现场人员的基本工作任务，但将此工作场景移植到技能培训过程中，有助于培养学员在时间紧、任务重的情况下，理清思路、团结协作进而达成共识的能力。

主厂站联合调试工作分为以下几个部分：网络及安全防护配置；主站自动化配置；厂站自动化配置；联合调试；故障诊断。

（一）网络及安全防护配置

（1）配置主厂站路由器，使业务地址能互相 ping 通。配置内容包括并不限于：IGP 配置（IS-IS 协议、OSPF 协议）、vpn 实例配置、mpls 配置、互联口配置、业务口配置、loopback 口配置、BGP 协议配置

（2）配置主厂站加密装置，正确建立隧道，正确添加 104.ICMP 等业务策略。配置内容包括并不限于：上传证书、网络配置、桥接配置、路由配置、隧

道配置、策略配置、远程管理、透传配置（主站加密）。

（3）网络测试，要求主站前置机能 ping 通厂站装置。

（二）主站自动化配置

（1）数据库里新建设备、画图、联库。

（2）配置前置应用中的通信厂站、通道、规约等表项。

（3）填写前置遥信、前置遥测、下行遥控等表项。

（4）前置类常用表的详细说明。

1）通信厂站表见表 6-1。

表 6-1　　　　　　　　　　　**通 信 厂 站 表**

域名	内容解释
最大遥信数	必须大于转发或接收的最大遥信点号
最大遥脉数	必须大于转发或接收的最大遥脉点号
最大遥测数	必须大于转发或接收的最大遥测点号
最大遥测数	必须大于最大遥控点号
是否允许遥控	是：前置下发遥控报文；否：前置不下发遥控报文
对时周期	前置按此周期定时发送对时报文
遥脉周期	如果通道的规约有招召遥脉报文，前置按此周期定时发送召遥脉报文
总召唤周期	如果通道的规约有总召唤报文，前置按此周期定时发送总召唤报文
遥测不变化时间	前置服务器判断遥测数据不变化的时间，单位：s
人工置态	未封锁：厂站的投入退出故障状态由程序自动判断。 封锁投入：厂站状态人工封锁在投入状态，不变化； 封锁退出：厂站状态人工封锁在退出状态，不变化
通道类型	串口：从终端服务器送上的专线通道； 网络：从前置交换机连接的通道； 天文钟：从前置机串口连接的天文钟
网络类型	TCP 客户：网络的 TCP_CLIENT 端； TCP 服务器：网络的 TCP_SERVER 端
通道优先级	通道值班备用的优先权，一级优先级最高，四级最低，优先级高并且投入的通道值班
网络描述一	通道类型串口时，填对应终端服务器在前置网络设备表里的"前置网络设备名"的内容； 通道类型网络时：填连在前置 3 号交换机的 RTU 地 IP 地址
网络描述二	通道类型串口时，填对应终端服务器在前置网络设备表里的"前置网络设备名"的内容； 通道类型网络时：填连在前置 3 号交换机的 RTU 地 IP 地址
端口号	通道类型串口时，填所连终端服务器的端口的位置 1～16； 通道类型网络时：填网络端口号

域名	内容解释
遥测类型	实际值：前置不计算直接把遥测值送到 SCADA； 计算量：前置遥测值＝原码 × 系数/满码值； 工程量：用工程值上下限和量测值上下限计算
主站地址	规约里的源地址
RTU 地址	规约里的目的地址
工作方式	主站：有下行报文； 监听：没有下行报文，只接收报文（只对某些规约有效）
校验方式	通道类型为串口时的参数，通道的校验方式； 奇校验、偶校验、无校验
波特率	通道类型为串口时的参数，通道的通信速率
停止位	通道类型为串口时的参数
通信规约类型	选择规约，对于规约里还有不同的参数选项设置的，将触发相应的规约类表，在那里填具体的参数
故障阈值	变化遥测数/总遥测数的百分比小于故障阈值，通道判成故障
通道分配模式	自动分配：按照分配原则，自动连接所配置的前置服务器； A/B：通道连接 A 机或者 B 机，在 A、B 机之间切换； C/D：通道连接 C 机或者 D 机，在 C、D 机之间切换
是否备用	设置备用通道的类型"热备"还是"冷备"。 0：否；1：热备；2：冷备
所备系统	设置备用区域，当此通道所备的数据采集区域子系统与本数据采集区域子系统解列后，此通道变为"值班"状态，并将处理后的数据送往 SCADA 应用
通道报文保存天数	整数，例如：1 代表此通道的报文保存 1 天
人工置态	未封锁：通道的投入退出故障状态由程序自动判断。 封锁投入：通道状态人工封锁在投入状态，不变化； 封锁退出：通道状态人工封锁在退出状态，不变化
通道值班人工置态	未封锁：通道的值班备用状态由程序自动判断； 封锁值班：通道状态人工封锁在值班状态，不变化
封锁连接置态	未封锁：通道的连接前置机状态由程序自动判断； 封锁 A 机：通道人工封锁连接在 A 前置机，不变化
所属系统	标识通道所属的区域子系统

2）前置遥信定义表见表 6-2。

表 6-2　　　　　　　　　　前置遥信定义表

域名	内容解释
点号	通信的顺序号
通道一	所属通道的名称
通道二	

域名	内容解释
通道三	所属通道的名称
通道四	
分发通道	该点分发到某个通道的名称
所属分组	DL 476—1992 规约的接收分组
是否过滤误遥信	不用
是否过滤抖动	不用
抖动时延	无效：不过滤抖动； 其他时间：在一定时间内出现了从状态 1 到状态 2 再到状态 1 的变化，并且中间的时间间隔均小于抖动时延，则前置会把状态 2 的变化打上（可疑）以示和正常变化的区别
极性	正极性：前置不取反； 反极性：前置取反
是否有效	不用

3）前置遥测定义表见表 6-3。

表6-3　　　　　　　　　　前 置 遥 测 定 义 表

域名	内容解释
点号	通信的顺序号
系数	遥测计算的参数，参见通道表的遥测类型
满度值	
满码值	
通道一	所属通道的名称
通道二	
通道三	
通道四	
分发通道	该点分发到某个通道的名称
所属分组	DL 476—1992 规约的接收分组
死区值	新的遥测值－旧的遥测值小于死区值，则不把新值当变化数据送到 SCADA
归零值	遥测值小于归零值，前置处理为 0
是否过滤遥测突变	不用
是否有效	不用
突变百分比	变化的差值/原来的值的百分比大于"突变百分比"则认为突变，过滤
基值	遥测计算的参数，参见通道表的遥测类型

4）下行遥控信息表见表6-4。

表6-4　　　　　　　　　　下 行 遥 控 信 息 表

域名	内容解释
数据点号	该遥控量的点号
极性	遥控是否取反
检无压点号	该遥控量的检无压点号
检同期点号	该遥控量的检同期点号
本表是否忽略校验唯一性	否：数据点号、检无压点号、检同期点号均不能重复； 是：数据点号、检无压点号、检同期点号可重复
遥控点号2	该遥控量的第二个点号

5）规约表。需核对以下域：遥信起始地址，遥信地址数，遥测起始地址，遥测地址数，遥控起始地址，遥控地址数源地址字节数，公共地址字节数，信息体地址字节数，遥测类型，遥控类型，规约细则，遥信组数目，遥测组数目。

（5）前置类常用进程见表6-5。

表6-5　　　　　　　　　　前 置 类 常 用 进 程 表

进程名	功能简述
fes_assign	通道分配工况判断值班通道选择 厂站状态判断
fes_ping	结点终端服务器网络rtu状态监视
fes_status	各前置节点状态的判断
fes_exchange	各前置节点间的通信数据库状态的同步
fes_start_com	动态启停终端服务器网络rtu的通信程序
fes_init_ts	动态维护终端服务器的通信参数
fes_statistics	统计通道厂站的误码率运行率等参数
ts_cisco	cisco终端服务器通信程序
ts_moxa	moxa终端服务器通信程序
tcp_client	网络rtu客户端通信程序
tcp_server	网络rtu服务器端通信程序
init_ts_cisco	cisco终端服务器初始化程序

进程名	功能简述
init_ts_moxa	moxa 终端服务器初始化程序
fes_cdisp	串口及网络通道原码显示
fes_rdisp	串口及网络通道报文显示
fes_real	FES 实时数据显示
fes_netdisp	FES 与平台网络交互报文显示
fes_rreal	FES 远方实时数据显示
fes_rrdisp	远方串口及网络通道报文显示
fes_rcdisp	远方串口及网络通道原码显示
fes_rndisp	远方 FES 与平台网络交互报文显示
fes_channel_control	FES 控制工具
fes_table	FES 工况监视
fes_myc	FES 模拟遥测
fes_myx	FES 模拟遥信
fes_msoe	FES 模拟 SOE
fes_mgk	FES 模拟工况
fes_sim	FES 变化数据模拟工具
fes_prot	规约类型管理
fes_prot_cdt	CDT 规约处理
fes_prot_iec101	IEC 870－5－101 规约处理
fes_prot_iec104	IEC 870－5－104 规约处理
fes_prot_cdc8890	CDC8890 规约处理
fes_prot_u4f	U4f 规约处理
fes_prot_dl476	DL476 规约处理
fes_net	前后台网络通信
fes_lockfast	前置遥信变位和 SOE 数据处理
fes_smmg	FES 内存管理
fes_iccp_smmg	TASE2 内存管理
fes_sync_shm	FES 同步服务
fes_warn	FES 告警服务
fes_update_zf	动态更新转发库
fes_mannual_op	人工切换

进程名	功能简述
fes_display	串口、网络通道报文显示，综合调试界面
fes_gps	采集天文钟的频率

（三）厂站自动化配置

厂站自动化配置要求如下：

远动装置里的规约配置：远动装置内的规约设置，对上规约选择 104，连接对上通道的网口地址选择主站前置机网址段。

远动装置里远传数据库的配置，包括极性、遥测系数等要与主站一致。

远动装置与测控装置之间通信参数配置正确：远动装置连接站内通道的网口与测控装置网址在同一网段。厂站后台监控系统间隔名称按照给定主接线图进行修改。

（四）联合调试

查看报文是否正常：fes_rdisp。

遥信遥测试验是否正常。

遥控试验是否正常。

通道切换是否正常。

（五）故障诊断

1. 主站部分

通道、规约：查看通道表和规约表的参数配置，查看相应规约的进程是否正常运行。

遥信：查看遥信地址、极性、人工置态等。

遥测：查看遥测地址、系数、人工置态等。

遥控：查看遥控点号、遥控方式等。

2. 网络部分

（1）主站排查方法：自上而下的排查方法，即从网络架构的高层往低层逐一排查，对故障进行定位（注：本方法以排除传输问题为前提），如图 6-16 所示。

（2）厂站排查方法：自上而下的排查方法，即从网络架构的高层往低层逐一排查，对故障进行定位（注：本方法以排除传输问题为前提），如图 6-17 所示。

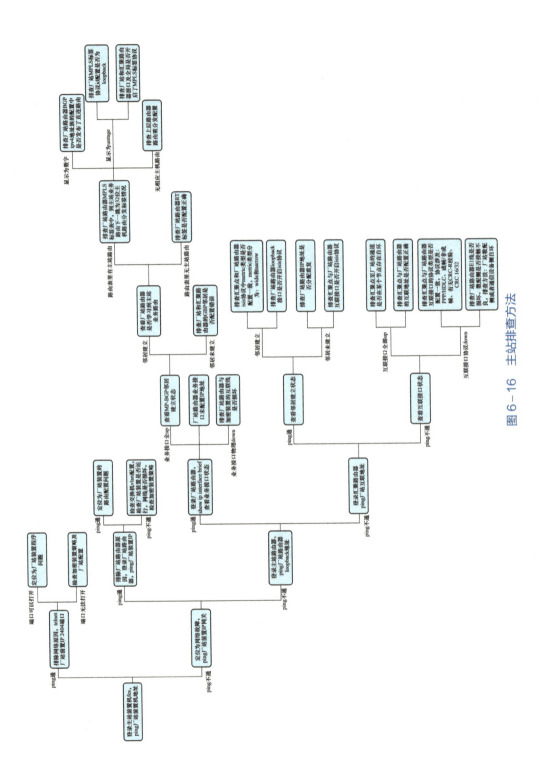

图6-16 主站排查方法

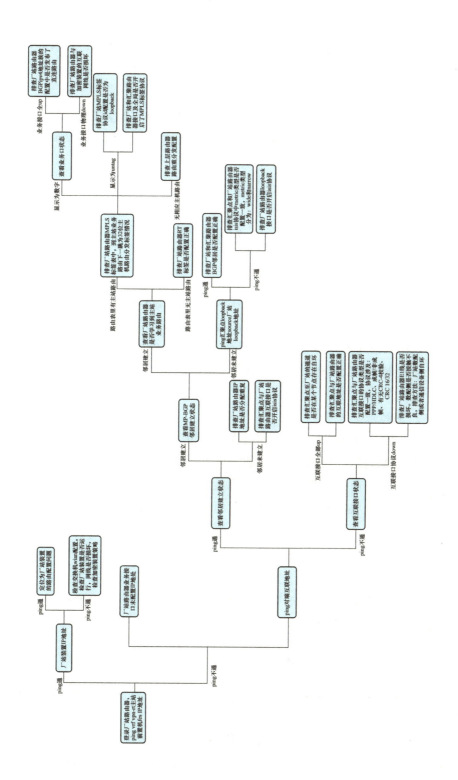

图6-17 厂站排查方法

3. 厂站部分

远动装置与主站通道；远动装置与测控的通信；遥信回路、后台监控系统遥信显示；遥测回路、后台监控系统遥测显示；遥控回路、后台监控系统遥控功能。

以"厂站扩建间隔"任务为例，学员在培训中的任务主要有主站学员完成D5000 系统配置、厂站学员完成变电站内系统配置、主厂站学员共同完成数据网及安全调试。

二、主厂站联调流程

主厂站联调任务分为三个部分，分别是主站配置、厂站配置、网络及安全配置。

1. 主站配置

主站的配置内容在上部分内容已详细介绍，主要是根据主厂站调试内容要求，在主站数据库增加扩建间隔的一次设备，配置遥测、遥信、遥控点号，在一次接线图上增加扩建间隔，增加相应的光字牌，并完成 PAS 参数录入以及模型验证与复制，以及其他要求，如计算公式、限值设定、责任区划分、告警设置等。

2. 厂站配置

厂站的配置内容在上部分内容已详细介绍，主要分为三个部分，第一部分是完成公共装置的配置和调试，如测控装置的参数设置、智能终端和合并单元（智能站）的参数设置。第二部分是根据主厂站联调要求完成数据通信网关机的设置，包括网址，路由等。第三部分是完成监控后台的调试，完成三遥数据的核对。

3. 网络及安全配置

网络及安全配置内容在上部分内容已详细介绍，主要分为两个部分，一是主站交换机、路由器、纵向加密认证装置的配置；二是厂站交换机、路由器、纵向加密认证装置的配置。

三、主厂站联调注意事项

主厂站联调的任务分为三个部分，一是主站高级功能；二是厂站后台三遥验证；三是主厂站数据核对。

其中，主站和厂站后台一些功能的验证可不依赖主厂站通道来实现。主站的功能可以通过模拟数据来完成；厂站的三遥可以通过后台与测控装置之间数据传输来完成。

依赖主厂站通道来实现的内容一定是以通道正常为前提，因此在主厂站联调时，通道的调试是最优先考虑的，主厂站通道的配置要保持参数的一致，要根据提供的网络拓扑图与地址规划表配置 IS–IS 协议、BGP 协议、MPLS–VPN，使得主厂站之间业务地址互通。通道调试可以通过 ping 网络拓扑图结构上不同位置的装置来判断通道的状态。

技能培训中心的实训环境是实训楼 5 楼是主站部分，6 楼是厂站部分，5 楼与 6 楼之间是通过 SDH 设备来联通的，具备主厂站调试的条件，5 楼与 6 楼对应的工位可以通过内线电话来通信。

主厂站通道调试正常并不代表可以进行所有的数据传输，如果出现数据传输的故障，可以根据上部分的主厂站故障排查方法来排除故障，完成主厂调试的任务。

📝 习 题

1. D5000 系统主站、厂站联合调试，主站自动化维护员需要做哪些工作？

2. D5000 系统主站、厂站联合调试，厂站自动化调试检修员需要做哪些工作？

参 考 文 献

[1] 国家电网公司人力资源部.国家电网公司生产技能人员职业能力培训专用教材变电站综合自动化［M］.北京：中国电力出版社，2018.

[2] 范斗，张玉珠.变电站自动化系统原理及应用［M］.北京：中国电力出版社，2020.

[3] 王顺江，王爱华，葛维春，等.变电站自动化系统故障缺陷分析处理［M］.北京：中国电力出版社，2017.

[4] 范斗，张玉珠.调度自动化系统（设备）典型案例分析［M］.北京：中国电力出版社，2020.

[5] 国网江苏省电力有限公司技能培训中心.智能变电站自动化设备运维实训教材［M］.北京：中国电力出版社，2018.

[6] 张丰.智能变电站设备运行异常及事故案例［M］.北京：中国电力出版社，2017.

[7] 宋福海，邱碧丹.智能变电站二次设备调试实用技术［M］.北京：机械工业出版社，2018.

[8] 国网江苏省电力有限公司电力科学研究院.智能变电站原理及测试技术（第二版）［M］.北京：中国电力出版社，2019.

[9] 何磊.IEC61850应用入门［M］.北京：中国电力出版社，2012.

[10] 国家电网公司人力资源部.电网调度自动化主站维护［M］.北京：中国电力出版社，2010.

[11] 刘振亚.智能电网技术［M］.北京：中国电力出版社，2010.

[12] 张永健.电网监控与调度自动化［M］.北京：中国电力出版社，2009.

[13] 王士政.电网调度自动化与配网自动化技术［M］.北京：中国水利水电出版社，2006.

[14] 谢希仁.计算机网络［M］.北京：电子工业出版社，2012.

[15] 彭赟，刘志雄，刘晓莉，等.TCP/IP网络体系结构分层研究［J］.中国电力教育，2014.

[16] 于新奇.OSI参考模型与TCP/IP模型的异同及关联［J］.中国西部科技，2009.

[17] 郑东，赵文庆，张英辉.密码学综述［J］.西安邮电大学学报，2013.

[18] 任伟.密码学与现代密码学研究［J］.信息网络安全，2011.

[19] Shon Harris，Fernando Maymi.认证考试指南（第7版）［M］.唐俊飞，陈峻，译.北京：清华大学出版社，2018.

［20］李正茂．网络隔离理论与关键技术研究［D］．同济大学，2006.

［21］陈晟．电网监控系统的网络隔离措施研究［J］．企业技术开发月刊，2015.

［22］吴世忠．信息安全技术［M］．北京：机械工业出版社，2014.

［23］金波．电力行业信息安全等级保护测评［M］．北京：中国电力出版社，2013.

［24］国调中心关于加强电力监控系统安全防护常态化管理的通知（调自〔2016〕102 号）.